思想者指南系列丛书（中文版）
THINKER'S GUIDE LIBRARY

U0728196

批判性思维术语手册

A GLOSSARY OF CRITICAL THINKING
TERMS AND CONCEPTS

（美）Linda Elder　（美）Richard Paul／著

高秀平／译　王晓红／审校

外语教学与研究出版社
FOREIGN LANGUAGE TEACHING AND RESEARCH PRESS
北京 BEIJING

京权图字：01-2019-3663

Original copyright © Foundation for Critical Thinking, 2006
Chinese translation copyright © Foreign Language Teaching and Research Publishing Co., Ltd, 2021

图书在版编目（CIP）数据

批判性思维术语手册／（美）琳达·埃尔德（Linda Elder），（美）理查德·保罗（Richard Paul）著；高秀平译. —— 北京：外语教学与研究出版社，2021.11（2024.11 重印）
（思想者指南系列丛书：中文版）
书名原文：A Glossary of Critical Thinking Terms and Concepts
ISBN 978-7-5213-3141-7

Ⅰ. ①批… Ⅱ. ①琳… ②理… ③高… Ⅲ. ①思维方法 – 名词术语 – 手册 Ⅳ. ①B804-62

中国版本图书馆 CIP 数据核字（2021）第 239164 号

出 版 人　王　芳
项目负责　刘小萌
责任编辑　万健玲
责任校对　张　阳
封面设计　孙莉明　彩奇风
版式设计　涂　俐
出版发行　外语教学与研究出版社
社　　址　北京市西三环北路 19 号（100089）
网　　址　https://www.fltrp.com
印　　刷　河北虎彩印刷有限公司
开　　本　850×1168　1/32
印　　张　3.75
版　　次　2021 年 12 月第 1 版　2024 年 11 月第 6 次印刷
书　　号　ISBN 978-7-5213-3141-7
定　　价　17.90 元

如有图书采购需求，图书内容或印刷装订等问题，侵权、盗版书籍等线索，请拨打以下电话或关注官方服务号：
客服电话：400 898 7008
官方服务号：微信搜索并关注公众号"外研社官方服务号"
外研社购书网址：https://fltrp.tmall.com

物料号：331410001

记载人类文明
沟通世界文化
www.fltrp.com

序言

　　思辨能力，或称批判性思维，由两个维度组成：在情感态度维度包括勤学好问、相信理性、尊重事实、谨慎判断、公正评价、敏于探究、持之以恒地追求真理等一系列思维品质或心理倾向；在认知维度包括对证据、概念、方法、标准、背景等要素进行阐述、分析、评价、推理与解释等一系列技能。

　　思辨能力的重要性是不言而喻的。两千多年前的中国古代典籍《礼记·中庸》曰："博学之，审问之，慎思之，明辨之，笃行之。"古希腊哲人苏格拉底说："未经审视的人生不值得一过。"可以说，文明的诞生正是人类自觉运用思辨能力，不断适应并改造自然环境的结果。游牧时代、农业时代以及现代早期，人类思辨能力虽然并不完善，也远未普及，但通过科学技术以及人文知识的不断积累创新，已经显示出不可抑制的巨大能量，推动了人类文明阔步前进。那么，进入信息时代、知识经济时代和全球化时代，思辨能力对于人类文明整体可持续发展以及对于每一个个体的生存和发展，其重要性更将史无前例地彰显。

　　我们已进入一个加速变化、普遍联系和日益复杂的时代。随着交通技术和信息技术日新月异的发展，不同国家和文化空前紧密地联系在一起。这在促进合作的同时，也导致了更多的冲突；人类所掌握的技术力量与日俱增，在不断提高物质生活质量的同时，也极大地破坏了我们赖以生存的自然环境；工业化、城市化和信息化程度的不断提高，全方位扩大了人的自由空间，同时却削弱了维系社会秩序和稳定的价值体系与行为准则。这一切变化对人类的思辨能力和应变能力都提出了前所未有的要求。正如本套丛书作者之一理查德·保罗（Richard Paul）在其所创办的批判性思维中心（Center for Critical Thinking）的"使命"中所指出的，"我们身处其中的这个世界要求我们不断重新学习，习惯性重新思考我们的决定，周期性重新评价我们的工作和生活方式。简言之，我们面临一个全新的世界，在这个新世界，大脑掌控自己并经常进行自我分析的能力将日益决定我们工作的质量、生活的质量乃至我们的生存本身。"

　　遗憾的是，面临时代巨变对人类思辨能力提出的新挑战，我们的教育和社会都尚未作好充分准备。从小学到大学，在很大程度上我们的教育依然围绕知识的搬运而展开，学校周而复始的考试不断强化学生对标准答案的追求而不是对问题复杂性和探索过程的关注，全社会也尚未形成鼓励独立思辨与开拓创新的氛围。

　　我们知道，人类大脑并不具备天然遗传的思辨能力。事实上，在自然状态下，人们往往倾向于以自我为中心或随波逐流，容易被偏见左右，固守成见，急于判断，为利益或情感所左右。因此，思辨能力需要通过后天的学习和训练得以提高，思辨能力培养也因此应该成为教育的不懈使命。

　　哈佛大学以培养学生"乐于发现和思辨"为根本追求；剑桥大学也把"鼓励怀疑精神"奉为宗旨。美国学者彼得·法乔恩（Peter Facione）一言以蔽之："教育，不折不扣，就是学会思考。"

　　和任何其他技能的学习一样，学会思考也是有规律可循的。

　　首先，学习者应该了解思辨的基本特点和理论框架。根据理查德·保罗和琳达·埃尔德（Linda Elder）的研究，所有的推理都有一个目的，都试图澄清或解决问题，都基于假设，都从某一视角展开，都基于数据、信息和证据，都通过概念和观念进行表达，都通过推理或阐释得出结论并对数据赋予意义，都会产生影响或后果。分析一个推理或论述的质量或有效性，意味着按照思辨的标准进行检验，这个标准包括清晰性、准确性、精确性、相关性、深刻性、宽广性、逻辑性、公正性、重要性、完整性等维度。一个拥有思辨能力的人具备八大品质，包括诚实、谦虚、相信理性、坚忍不拔、公正、勇气、同理心、独立思考。

　　其次，学习者应该掌握具体的思辨方法。如：如何阐释和理解文本信息与观点？如何解析文本结构？如何评价论述的有效性？如何把已有理论和方法运用于新的场景？如何收集和鉴别信息和证据？如何论证说理？如何识别逻辑谬误？如何提问？如何对自己的思维进行反思和矫正？等等，等等。

　　最后，思辨能力的提高必须经过系统的训练。思辨能力的发展是一个从低级思维向高级思维发展的过程，必须运用思辨的标准一以贯之地训练思辨的各要素，在各门课程的学习中练习思辨，在实际工作中使用思辨，在日常生活中体验思辨，最终使良好的思维习惯成为第二本能。

　　"思想者指南系列丛书"旨在为教师教授思辨方法、学生学习思辨技能和社会大众提高思辨能力提供最为简明和最为实用的操作指南。该套丛书直接从西方最具影响力的思辨能力研究和培训机构——批判性思维基金会（Foundation for Critical Thinking）原版引进，共 21 册，包括"基础篇"：《批判性思维术语手册》《批判性思维概念与方法手册》《大脑的奥秘》《批判性思维与创造性思维》《什么是批判性思维》《什么是分析性思维》；"大众篇"：《识别逻辑谬误》《思维的标准》《如何提问》《像苏格拉底一样提问》《什么是伦理推理》《什么是工科推理》《什么是科学思维》；"教学篇"：《透视教育时尚》《思辨能力评价标准》《思辨阅读与写作测评》《如何促进主动学习与合作学习》《如何提升学生的学习能力》《如何通过思辨学好一门学科》《如何进行思辨性阅读》《如何进行思辨性写作》。

　　由理查德·保罗和琳达·埃尔德两位思辨能力研究领域的全球顶级大师领衔研发的"思想者指南系列丛书"享誉北美乃至全球，销售数百万册，被美国中小学、高等学校乃至公司和政府部门普遍用于教学、培训和人才选拔。该套丛书具有如下特点：其一，语言简洁明快，具有一般英文水平的读者都能阅读。其二，内容生动易懂，运用大量的具体例子解释思辨的理论和方法。其三，针对性和操作性极强，教师可以从"教学篇"子系列中获取指导教学改革的思辨教学策略与方法，学生也可从"教学篇"子系列中找到提高不同学科学习能力的思辨技巧；一般社会人士可以通过"大众篇"子系列掌握思辨的通用技巧，提高在社会场景中分析问题和解决问题的能力；各类读者都可以通过"基础篇"子系列掌握思维的基本规律和思辨的基本理论。

可见，"思想者指南系列丛书"对于各类读者提高思辨能力均大有裨益。为了让该套丛书惠及更多读者，外研社适时推出其中文版，可喜可贺。

总之，思辨能力的高下将决定一个人学业的优劣、事业的成败乃至一个民族的兴衰。在此意义上，我向全国中小学教师、高等学校教师和学生以及社会大众郑重推荐"思想者指南系列丛书"。相信该套丛书的普及阅读和学习运用，必将有利于促进教育改革，提高人才培养质量，提升大众思辨能力，为创新型国家建设和社会文明进步作出深远的贡献。

孙有中
2019 年 6 月于北京外国语大学

术语词条

简　　介

　　通过这本术语手册我们可以发现，批判性思维包含一整套概念和准则，内化和实践这些概念和准则能帮助我们将思维提升到一个更高的水平。从最早的智人（即会思考的人种）开始，批判性思维就以某种方式存在于人类的思维之中。一旦思维被提升至意识层面，至少有些人会开始有意识地思考思维本身（并发现思维有时"并不完美"）。但是，我们现在距离"批判型"智人（即具有批判性思维的人种）仍然有相当的距离。批判性思维和批判意识（批判性）尚未成为一种主流的文化价值观，而仅仅是一种常见的个人特质。

为什么要有批判性思维？

　　人类生活的世界充斥着各种思想，我们或奉之为真，或斥之为假。但是，那些我们奉以为真的，有时却是虚假的、不合理的、误导人的；那些我们斥之为假且认为微不足道的，有时却是真实的、重要的。

　　人的思维并非天生就能掌握真理。我们并非天生就能看到真相，也无法自动察觉孰是孰非。受意图、利益或价值观的影响，我们的思维常常会有失偏颇。我们往往只看到自己想要看到的，会扭曲事实以符合先入为主的成见。曲解现实是人类生活中很常见的现象，我们有时难免落入此套。

　　每个人都透过多个不同的镜片观察世界，会根据自己变幻不定的感受切换镜片。而且，我们的视角往往是无意识的、不带批判性的，会受到很多因素的影响，如社会、政治、经济、生理、心理和宗教等因素。社会规则和禁忌、宗教和政治意识形态、生理和心理的冲动等因素往往会在无意中给人类的思维带来影响。自私自利、谋取私利和心胸狭隘等心理在多数人的认知和情感生活中也具有深刻的影响。

什么是批判性思维？

　　为了在这个充满挑战的世界成功地生存下去，我们需要一个明确的坐标系，用以定位和监督（自己以及他人的）思维。我们需要一种系统的方法来推进合理的思维，抑制不合理的思维。我们需要掌控自己的认知过程，进而以理性的方式决定要接受哪些思想，拒绝哪些思想。批判性思维就是这一认知过程，是坐标系，而且在最理想的情况下，是一种生活方式。一百多年前，威廉·格雷厄姆·萨姆纳[1]曾为批判性思维下过这样的定义：

　　　　（批判性思维就是）……审视和检验呈现在我们面前的任何观点，以确认其是否符合现实。批判能力是教育和训练的产物，是一种思维习惯和力量。它是人类获得幸福的首要条件，每个人都该接受这方面的训练。唯有批判性思维能保证我们摆脱错觉、欺骗、迷信，以及对自己和自身所处的庸俗环境的误解。

批判性思维有哪些形式和表现？

　　批判性思维包含一系列互相关联的概念，是一个庞大的网络。理解一个概念往往会牵涉很多其他概念。因此，理解批判性思维相关概念的最佳方式是联系与之相关或相反的概念。我们关注的概念不会太过专业（因此在权威的英语词典中都能查到）。此外，我们所选的概念是为了帮助那些想要以明确的、全面的、苏格拉底式的、系统的方式学习批判性思维的人，我们不关注那些含蓄的、片面的、诡辩的或偶发的思维方法。再者，本书收录批判性思维的相关概念（描述学习批判性思维的方法），读者在遇到难以理解的概念时即可参阅本书。

　　总体而言，批判性思维是一个丰富的、多样的而且在一定程度上是开放性的概念，我们无法穷尽其含义，也无法用一句话给其下个完整的定义。但是，无论批判性思维在使用上有多丰富，其根基都是一套基础性的概念。它之所以表现出多样性，是因为人们在努力提升自己的思维

1　译者注：威廉·格雷厄姆·萨姆纳（William Graham Sumner，1840—1910），美国社会学家和人类学家。

能力时所做的研究有所不同，研究范围有大有小，练习的重点也不尽相同。

因此，批判性思维在人的思维中可能是隐性的，也可能是显性的；可全面培养，也可部分吸收；可能带来自私，也可能带来公正；可能是整体的（多元的、全面的、概括性强的），也可能是具体的（片面的、有限的、非跨学科的）[2]。

虽然批判性思维有如此多样的形式和表现，但那些在所有学科和领域都适用的方法，正是对非专业人士而言至关重要的方法。此外，即使是专业人士，掌握全面的苏格拉底式的批判性思维基础概念也是明智之举，因为专业人士需要学习如何进行有效的跨学科、跨领域思考（比如，去修正自己学科的偏见和局限）。

最后的细节和说明

本书收录的批判性思维概念绝未穷尽，或许还有许多概念可增录其中。比如，"认知标准"是批判性思维的重要概念，其定义是"用于评价或评判推理质量高下的标准"。在现代自然语言中，这样的标准非常多，如清晰性、准确性、精确性、深刻性、宽广性、公正性等。诸如此类的认知标准术语在手册中收录了很多，但是由于篇幅所限，尚有很多与认知标准有关的术语未能收录。

我们收录的相当一部分术语体现了阻碍批判性思维形成的因素，比如"社会中心主义"和"自我中心主义"。

对于大多数词条，我们首先会提供简要的定义，然后再对概念进行解释和举例说明。在很多情况下，我们还将一些术语与教学相联系，以造福广大师生。

最后，我们想请读者注意，每个术语我们都只收录了与批判性思维有关的定义，该术语其他可能的用法则没有收录。

2　参见"批判性思维的形式和表现"（critical thinking forms and manifestations）词条。

A
B
C
D
E
F
G
H
I
J
K
L
M
N
O
P
Q
R
S
T
U
V
W
X
Y
Z

-A-

准确的（accurate）：没有误差、错误或曲解的。

准确性是批判性思维的基本认知标准之一，也是批判性思维的重要目标。但是，准确与否往往是个程度问题。我们在多大程度上达到了准确，取决于相关问题和／或情境所设定的条件（以及我们在多大程度上满足了这些条件）。

学生需要形成一种以准确理解为基础的世界观。但是，我们无法直接将这些理解"灌输"给学生。相反，他们需要自己综合各种信息和观点来实现准确理解，在这个过程中他们还可能会犯错。随着认识逐步深化，他们看世界会更准确、更深刻。他们会逐渐认识到，站在任何一种角度思考都可能会造成曲解，或有不准确之处。思辨者深知这种现象，因此总是尽力准确地表述自己和他人的观点。

相关术语："正确的"（correct）主要强调没有错误；"准确的"（accurate）指思辨者积极主动地确保自己的观点与事实或真相一致；"确切的"（exact）则强调与事实、真相或某些标准保持严格一致；"精确的"（precise）指对细节的表现准确。其他相关术语："严谨的"（scrupulous）、"认真的"（conscientious）。

参见"认知标准"（intellectual standards）词条。

主动谬识（activated ignorance）：吸收错误的信息，误以为真并积极使用。

主动谬识会使人按照错误的信念行事，由此会引发诸多问题。比如，哲学家勒内·笛卡尔曾经坚信动物没有真实的感觉，只是自动行事的机器。基于这种主动谬识，他在动物身上做了一些残酷的实验，并把它们痛苦的喊叫当作无感情的噪音。很多主动谬识都是由社会准则和意识形态造成的。

思辨者能够理解人类思维中存在的主动谬识问题，因此会时时质疑自己的信念，尤其是当依据这些信念行事可能会给他人带来诸如伤害、损害或痛苦等严重影响时。思辨者知道，实际上每个人所持的某些信念都可能是某种形式的主动谬识。他们也知道，识别哪些是主动谬识而哪些不是有时并非易事。

参见"主动真知"（activated knowledge）、"惰性信息"（inert information）、"社会中心主义"（sociocentricity）词条。

主动真知（activated knowledge）：指思考者获取并主动使用真实的信息，并在深刻理解这些信息的基础上，潜移默化地获取更多知识，获得更深入的理解，以及做出更理性的行为。

学校教育应促成主动真知的培养，但事与愿违，学校常常培养出掌握主动谬识或惰性信息的学生。以历史学习为例；在历史课上，很多学生充其量只是为了通过考试而背诵历史书上孤立的陈述。有的陈述他们并不理解，也无法解释，这些就变成了学生的惰性知识。有的陈述他们理解错了，也解释错了（但被认为正确），这些就变成了学生的主动谬识。

从批判性思维的角度看，上历史课更有效的做法是学着按照历史的逻辑进行思考。若能娴熟掌握这种方式，我们就为主动真知奠定了基础。

比如，我们可以思考以下两个有力的观点：

- 历史总是从某种视角讲述的。
- 任何视角都可能伴有偏见、成见或曲解。

如果这两种观点能在我们的思维中"被激活"，我们自然就能以新的方式阅读历史。我们会注意到，任何一种视角都有其局限性。比如，我们会察觉有些事实被忽略或曲解了，以及这些事实是如何被阐释的。我们还能够发挥想象，对历史做出新的解释（比如从多个不同的视角来书写历史）。

参见"主动谬识"（activated ignorance）、"惰性信息"（inert information）词条。

A
B
C
D
E
F
G
H
I
J
K
L
M
N
O
P
Q
R
S
T
U
V
W
X
Y
Z

有歧义的（ambiguous）：有两种或多种可能的意义，可能是故意使然，也可能是由于表述不准确导致的；不确切的、不确定的。

要拥有良好的思维，在书写或说话时对歧义和模糊保持敏感至关重要。要培养有效的、有说服力的思维，只要语境允许，必须时刻努力保证思维的清晰和准确。某些语境可以有适当的歧义——比如在诗歌或视觉艺术中。但在日常交流中，要做到思维清晰，一般都要求使用语言时不含歧义。比如，试思考如下陈述："福利制度很腐败"。这句话有多种可能的含义，如：

- 管理福利项目的人收受贿赂，在管理上不公正。
- 福利政策的制定不合理，致使钱款被不应享受福利的人获得，应享受福利的人却不可得。
- 政府将钱分给那些不配得到这些钱的人，施者和受者都腐败堕落。

因此，"福利制度很腐败"这句话是有歧义的。若不知道说话人确切的意思，我们便无法确定是否同意这句话背后的观点。

有歧义的理解和交流会给人类生活带来诸多问题。因此，学生需要经常练习如何清晰地阐明自己的思想。

参见"阐明"（clarify）、"认知标准"（intellectual standards）词条。

分析（analyze）：分解成各个组成部分；详细检查以确定某物的性质，深入调查某问题或情境；找出某物的本质或结构；拆解并检查某物的结构。

批判性思维的基本目标之一是学会如何分析思想，推理分析是批判性思维的三大基本理念之一（另外两个分别是评估思想和培养认知特质）。推理是一项基本的人类活动，因此若要在推理时始终保持高水平，就必须娴熟地拆解推理，检查其各组成部分的质量，即对推理过程进行分析。因此，学生应时常分析自己的观点、陈述、经历、阐释、判断和理论。对于所听所读的内容，我们也需要进行同样的分析。

参见"推理的要素"（elements of reasoning）、"认知标准"（intellectual

standards）、"认知特质"（intellectual traits）词条。

争论（argue）：该词有两层含义，需要进行辨析：1）意见相左时进行争吵（常有强烈的、非理性的、情绪化的表现）；2）给出理由尝试说服。

强调批判性思维时，教师应该经常训练学生，使其从争论的第一层含义过渡到第二层含义。换言之，教师要帮助学生认识到，提供理由支持个人观点时，不能让自我卷入其中，这一点很重要。在个人的观点中混入自我中心主义的思维是人类生活中一个常见的问题。所谓合理的争论，就是依靠逻辑和推理，摆事实，讲道理。争论时应该本着合作精神，带着善意。

参见"论证"（argument）、"信赖理性"（confidence in reason）词条。

论证（argument）：一个（或多个）支持或反对某事的理由；提供上述理由的过程；论证还可以表示意见相左之时的讨论，指使用逻辑摆事实，讲道理。

论证指的是给出理由支持某种观点或立场，这是批判性思维的一个重要方面。娴熟的论证意味着使用逻辑和有效的推理支撑自己的观点，同时对反方的论据保持敏感。公正的思辨者在为某个立场争论时，会考虑所有相关的证据；若对方的证据充分，他们也愿意改变自己的观点。诡辩式论证也是娴熟的推理，但有误导性或者有失偏颇。

参见"争论"（argue）、"认知共情"（intellectual empathy）、"诡辩式思辨者"（sophistic critical thinkers）词条。

评估（assessment）：参见"评价"（evaluation）词条。

联想性思维（associational thinking）：由于种种原因，思想、记忆、经历或感觉在大脑中关联在一起，但是不一定符合逻辑。

人的大部分思维在本质上都是联想性的。换言之，人的大脑会将很多想法联系起来，并非因为这些想法之间有合乎逻辑的关联，而是由于

A
B
C
D
E
F
G
H
I
J
K
L
M
N
O
P
Q
R
S
T
U
V
W
X
Y
Z

种种原因，这些想法会让我们联想到其他方面，比如这些想法与我们的经历相互重合。如果我们常常因摔门而受到惩罚，那么我们就很可能将摔门与受罚的恐惧关联起来。我们脑海里存储着与各种经历相关的联想。联想可能以如下的形式存在："这件事让我想起那件事，那件事又让我想起另一件事，另一件事让我想起其他事。"比如，"在小石城长大的经历总让我想起炎炎夏日，夏日又让我想起打垒球，打垒球又让我想起以前的一位垒球教练"，等等。人的大脑天生就倾向于联想性的、不安分的、不受限的思维，而不是目标明确的、相关的、准确的思维。有时我们想重温旧时光，或者只是想放松大脑，感受愉悦的联想，此时便需要联想性思维。但是，联想性思维往往是无意识的，因此也可能导致很多问题。比如，如果小时候有人对你很凶，此人嗓音很特殊，那么现在的你就可能（无意识地）讨厌某个有相同嗓音的人。

处理重要问题时，批判性思维不会依赖大脑中随意的联想意义和暗示，而是会有意识地将人的思维引向清晰的、准确的、相关的、真实的而且合理的思维。这就要求我们要控制自己思维中的联想，时时留意不要做出不适当的联想。

参见"文化联想"（cultural associations）、"认知标准"（intellectual standards）词条。

假定（assume）：认为某事理所当然或预先进行假设。

所有的思维都是以假设为基础的，但是并非所有的假设都是合理的。思辨者努力使自己的假设清楚无误，在推理和论证足够充分时评估和纠正自己的假设。假设一般位于思维的无意识层面，所以这种评估和纠正非常重要。假设可能很平常，也可能很复杂；可能是合理的，也可能是错谬的，比如："我听到门上有抓挠声，就起床把猫放进来。我认为那个声音只能是猫弄出来的，而且它这么干是因为想进房间。""我男朋友跟我说话时很粗鲁。我推测应该是我做错了什么事，他生我的气了。我感觉很愧疚，也很受伤。我假设，只有我做错事惹他生我气的时候他才会粗鲁地对我说话。我假设，只要他生我的气，就一定是我做错了事，我应该对此感到愧疚。"

　　人们往往将做假设等同于进行错误或不合理的假设。人们有时会说"不要假设"，指的就是这个意思。其实，我们无法避免假设，而且很多假设都是合理的。（比如，我们假设阅读本书的人能够读懂英语，否则他们就是在读译本。）我们不能说"永远不要假设"，因为这是不可能的，而是应该说"要意识到自己所做的假设，要谨慎地做假设，要主动检验和评估自己所做的假设"。

　　参见"假设"（assumption）、"推理的要素"（elements of reasoning）词条。

假设（assumption）：没有证据或证明就接受的或认为属实的论述；未明确说明的前提或看法；认为理所当然的看法。

　　假设指的是把想当然的事当作真相，用以理解某事。因此，若你推断那位共和党候选人一定支持预算平衡，你所做的假设是所有的共和党人都支持预算平衡。若你推断新闻中被描述为我国"敌人"或"友人"的外国领导人真就是我们的敌人或朋友，你所做的假设是新闻在呈现外国领导人的品质时永远都是准确的。若某人在派对结束后邀请你去他（她）家"继续这次有趣的谈话"，你推断他（她）对你心生爱慕，你所做的假设是如果某人在深夜派对结束后邀请你去家里做客，唯一理由就是想要和你谈恋爱。

　　人类所有的思想和经历都是以假设为基础的，我们的思想必有来处。我们一般意识不到自己的假设，因此也很少质疑自己的假设。人类思想中的诸多错误背后都隐藏着未经批判或审视的假设。比如，我们常以"所见即真相"的方式来体验这个世界，对看到的东西并不加以筛选。

　　娴熟的推理者能清楚地意识到自己所做的假设，会根据情境和证据做出合理正当的假设，会保证所做的假设前后一致，并会时常主动审视自己在不同情境中想当然的假设。

　　不娴熟的推理者往往不清楚自己做了哪些假设，所做的假设常常是不恰当的或不合理的，往往是矛盾的，而且还会忽视自己所做的假设。

A
B
C
D
E
F
G
H
I
J
K
L
M
N
O
P
Q
R
S
T
U
V
W
X
Y
Z

参见"假定"（assume）、"推论"（infer/inference）、"推理的要素"（elements of reasoning）词条。

权威（authority）：可以发号施令，要求他人服从，采取行动或进行最终决策的权力或权利；由于公认的知识或专长而对观点施加的影响。

思辨者知道，证明某看法或观点合理的最终权威其实是推理和证据。很多教学活动含蓄地劝告学生要尽信书、尽信师，这对批判性思维产生了不利的影响。结果就是，学生往往不懂如何评估权威。他们一般不会认识到"权威们"有时也会有不同意见，也不清楚如何反思意见相左的权威，以及如何评估这些权威。

参见"知识"（knowledge）、"信赖理性"（confidence in reason）词条。

-B-

偏见（bias）：精神上的偏好或倾向。

我们应该注意区分偏见的两种不同含义。第一种是中性的，第二种则是贬义的。中性的偏见指的是由于视角不同，人会注意到一些事而忽视另一些事，强调某些事而忽略其他事，会从某个方面而不是其他方面进行思考。这种含义本身没有贬义，因为我们的思考不可避免都要采取某种视角。

贬义的偏见和"成见"（prejudice）这一术语联系紧密，是指在未知晓某些事实前就形成的观点或判断，而且无视可驳斥这种观点或判断的事实。在这个意义上，偏见意味着盲目，意味着不理性地拒绝检视自己观点的不足之处，也不愿意探索对立观点的可取之处。

公正的思辨者一般能意识到自己的第一种偏见，也努力避免出现第二种偏见。但是，大众常常将偏见的这两种含义混淆。比如，很多人将偏见和情绪或评价相混淆，认为任何一种情绪表达或使用任何一种评价性语言都是有偏见的（或者是有成见的）。如果评价性的语言（如"很棒"

或"不错")能通过推理和证据得到证实，那就不是贬义的偏见。

参 见 "标准"（criterion/criteria）、"评 价"（evaluation）、"判 断"（judgment）、"意见"（opinion）、"认知共情"（intellectual empathy）词条。

-C-

阐明 / 清晰性（clarify/clarity）：使某事易于理解；摆脱混淆或歧义；去掉晦涩的部分；说明、解释。

清晰性是批判性思维的基本认知标准之一，阐述清楚则是批判性思维的基本目标之一。人们常常意识不到"写清楚、说明白"的重要性，也意识不到"准确表达心中所思所想"的重要性。阐明自己的观点需要有两个关键能力：一是精准地表述和解释自己意思的能力，二是提供具体、明确的例子的能力。

参见"准确的"（accurate）、"语言逻辑"（logic of language）、"有歧义的"（ambiguous）、"模糊的"（vague）、"认知标准"（intellectual standards）词条。

认知过程（cognitive processes）：通常指内在的或自然地发生在人的头脑中的思维活动。

理解人类思想中的认知过程非常重要，这些过程包括分类、推断、假设、规划、分析、比较、对比和综合等。但是，我们不能假设只要发生了这些过程，娴熟的、严谨的推理就会随之而来。比如，就算做规划，也不见得一定能做好，有时也会做得很差劲；而且做规划本身并不一定能带来高质量的认知。要想有优秀的思想，我们需要在进行这些（自然发生的）认知过程时始终达到认知标准的要求。

参见"认知标准"（intellectual standards）词条。

A
B
C
D
E
F
G
H
I
J
K
L
M
N
O
P
Q
R
S
T
U
V
W
X
Y
Z

概念（concept）：想法或思想，尤其指对某物或某类事物的概括性想法。

人类是在概念或想法中思考的。概念是一种认知构建，使我们能够识别、比较并区分思维和经历中的方方面面。每个学科都会发展出一套自己的概念或专业词汇，以方便人们从该学科的角度进行思考，比如伦理学这门学科就依赖于一套由概念组成的词汇。因此，如果不能清晰地理解正义、公平、善良、残酷、权利和义务等概念，我们就无法理解伦理学。每种体育运动也都发展出这样一套词汇，使有志于理解或掌握该运动的人能够弄懂这项运动。

我们永远无法掌控自己的思想，除非我们能掌控用于表达自己思想的概念或想法。比如，多数人都重视教育，但是很少有人对教育有一个合理或完备的概念，也很少有人清楚"教育""训练""社会化""灌输"这些概念之间的区别，因此上述迥异的概念常常被混淆。相应地，很少有人能够区分学生何时在被灌输，何时在被教育。与这种混淆相关的一个事实是，很少有人能够说清楚"受过教育的人"所具有的技巧、能力和认知特质。

词语的规范用法（即权威词典中的用法）包含了某些概念，这些概念和它们在特定社会群体或文化中引发的心理联想是不同的，思辨者会区分二者的差别。很多人未能培养出这种能力，因此盲目接受社会对一些概念的定义，结果往往导致社会不公的出现。比如，由于美国的清教主义根源，很多美国人对性都有一种隐性的清教徒式态度。他们不加批判地接受社会文化定下的在很大程度上极具主观性的规则（这些规则规定了人们可以在何种情形下与何人发生性关系）。其实从过去到现在，他们一直被社会对性的定义所束缚。他们并不知道还可以从其他视角看待性，这些视角同样是合理的。他们并未把"性"视为概念，而是把他们的性观念以及与之相关的各种武断的文化联想视为"天经地义"。人类学家记录了人类历史上不同社会所"允许"和"禁止"的性行为的变迁，查阅这些记录能加深我们对这个问题的理解。

娴熟的思考者能够认识到自己和他人所使用的关键概念和想法，能够解释自己使用的词语的基本含义，能够区分词语的规范用法和特殊的、不规范的用法，能够意识到不相关的概念和想法，能够根据具体功能使用相关的概念和想法，同时能够深入思考自己使用的概念。

不娴熟的思考者意识不到自己和他人使用的关键概念和想法，无法准确解释自己使用的词语的基本含义，无法识别哪些词语的用法偏离权威的用法，无法根据相应的话题或主题使用合适的概念，也无法深入思考自己使用的概念。

参见"语言逻辑"（logic of language）、"联想性思维"（associational thinking）、"推理的要素"（elements of reasoning）、"谬误"（fallacy）词条。

推断 / 结论（conclude/conclusion）：通过推理做决定，进行推论、演绎；推理过程的最后一步；调查或推理之后形成的判断、决定或想法。"推断"和"推论"两个词在很多情况下都可以互换使用。但是，"推断"也可专指推理过程的最后一个步骤。

所有的想法、决定或行动都是以人的思想为基础的，但是却不一定都来自有意识的推理或思考。无论如何，我们相信的所有事都是以我们的经历所得出的结论为基础的。所谓"得出结论"，指的是接受自己认为属实的事，并以此"实情"为基础理解其他事。这种做法就是在做推断。比如，如果我们俩相遇而你却没有打招呼，我就可能得出结论（做出推断）：你生我的气了。如果炉子上的水壶开始响了，我就会得出结论（做出推断）：壶里的水已经烧开了。

在日常生活中，我们针对人、物、地点和事件不停地做出推断（得出结论）。不过，我们很少监控自己的思想过程，很少批判地评价自己得出的结论，通常也不会思考自己是否有足够的证据或理由支撑自己接受这些结论。我们通常意识不到自己何时得出了一个结论，而且还会把结论和信息混淆，因此无法检视让自己从信息得出结论的推理过程。要想拥有批判性思维和反思性思维，我们必须认识到人的生活是充满推论的，以及认识到我们会不停地针对自己和身边的人和物给出结论。我们必须学会审视自己的思维过程，看我们是如何根据信息或证据得出结论或推论的。

A
B
C
D
E
F
G
H
I
J
K
L
M
N
O
P
Q
R
S
T
U
V
W
X
Y
Z

参见"推论"（infer/inference）、"推理的要素"（elements of reasoning）词条。

信赖理性（confidence in reason）：坚定地认为从长期来看，让理性和推理充分发挥作用有利于个人以及全人类的利益；相信鼓励大众通过培养自己的理性得出结论是建设批判型社会的最佳方式；相信尽管人的思维和社会中还有各种根深蒂固的障碍，但（通过适当的鼓励和培养）人能够学会自主思考，形成理性观点，得出合理结论，养成连贯而有条理的思考方式，能通过理性说服彼此，以及变得理性。

我们能通过推理获得各种深刻的见解，解决各种问题，能使用推理说服他人，并被他人使用推理说服；这些经历培养起一个人对理性的信心。如果外界要求人们只是简单地完成任务而不需要理解为什么，重复他人的论述而不需要先证实或证明，或仅仅因为权威或社会压力就接受他人的观点，那么人们对理性的信心就会遭到破坏。

参见"认知品质"（intellectual virtues）、"原因／理性"（reason）词条。

结果（consequence）：先前发生之事的影响、后果或结局。

思辨者在行动之前会深思自己的思维和行动可能导致的结果（或影响），特别是对某一事件的处理可能导致严重影响时，他们尤其会深思这种结果。他们还会反思自己过去的经历带来的影响，以在将来做出更好的决策。

参见"影响"（implication）词条。

一致性（consistency）：思维、行动、言辞与之前的所思、所为和所言保持一致；一种认知或道德上的诚实。

人类的生活和思想充满着不一致、虚伪和矛盾。我们常常说一套做一套；用一种标准评判自己和朋友，却用另一种标准评判对手；对自己渴望的东西极力辩护，对自己不利的东西就极力反对。同样，我们常常将欲望和需求混为一谈，把自己的欲望等同于需求，将自己的欲望凌驾于他人的基本需求之上。逻辑和道德上的一致性是公正思辨的基本价值准则。社会制约和天然的自我中心主义常常会掩盖社会层面的矛盾、不一致和虚伪，使其很难被发现。

参见"认知正直"（intellectual integrity）、"个人层面的矛盾"（personal contradiction）、"社会层面的矛盾"（social contradiction）、"人类本性"（human nature）词条。

反驳/矛盾（contradict/contradiction）：表示反对意见；与之相悖、相反；与某观点相反的观点；事物相悖的一种状况；不一致；有出入；含有对立因素的人或物。

在人类生活中，矛盾非常常见，因为人的行为方式往往与自己公开宣称的观点不一致。这是人类自我中心主义和社会中心主义思维的一个副产品，会妨碍认知正直。

参见"个人层面的矛盾"（personal contradiction）、"社会层面的矛盾"（social contradiction）、"自我中心主义"（egocentricity）、"一致性"（consistency）、"认知正直"（intellectual integrity）词条。

创造性思维（creative thinking）：思维创新的结果；有能力或力量进行创造或产出；拥有或表现出想象力、艺术或认知上的创造性；能激发想象力和创造力。

批判性和创造性之间的关系常常被误解，原因之一在于人们对创造性人才和批判性人才的文化刻板印象。创造性人才常常被刻画成类似于"古怪教授"的模样。他们想象力极其丰富，常心血来潮，容易情绪化，想法标新立异，常常与当下现实脱节。批判性人才则被错误地刻画成爱挑错，爱怀疑，吹毛求疵，特别严苛，高标准、严要求，缺少灵活性、想象力和情感的人。然而，批判性思维和创造性思维都是人类思维上的成就。创造性意味着创造或产出的过程，批判性意味着评价或判断的过程。创造性本身就包含批判性的成分（比如"拥有或表现出想象力、艺术或认知上的创造性"）。形成优质的思想时，人的大脑必须同时产出并

A
B
C
D
E
F
G
H
I
J
K
L
M
N
O
P
Q
R
S
T
U
V
W
X
Y
Z

评价，既生成又评判头脑制造的产品。合理的思维需要想象力和认知标准并存。因此，创造性思维和批判性思维只是同一个硬币的两面。

参见"批判性思维"（critical thinking）、"认知标准"（intellectual standards）词条。

标准（criterion/criteria）：判断或衡量某事的规范、准则或考查某事的方式。

人类的生活、思想和行为都是以价值观为基础的。标准指的是我们确定这些价值观的手段以及判断价值观在某一情境是否得以实现的准则。要有批判性思维，就必须明确哪些标准或准则可用于判断理性的思维或合理的行为。

参见"评价"（evaluation）、"认知标准"（intellectual standards）词条。

批判的（critical）：惯于评判的，尤指爱挑错和挑剔的；参与或进行仔细的判断或观察的；精准的、准确的、准时的；喜欢或善于批评的；与危机的性质有关或构成危机的；涉及某一问题悬而未决的部分的；重要的、有决定性的、关键的、必要的。

该词有多种不同的用法，但至少有一种是与批判性思维不相关的。不相关的用法是指极度爱挑错，却不关心如何有效改正这些"错误"。这种用法与"愤世嫉俗者"或"悲观主义者"这样的词相关。这些人习惯性地看到生活中消极的一面，总是持失败主义的观点，但是却很少想办法解决问题。

该词与批判性思维有关的用法强调的是审慎的判断、娴熟的批评以及紧迫的、关键的和/或重要的等意思。

参见"批判性"（criticality）、"批判性思维"（critical thinking）、"有批判力的人"（critical person）词条。

批判性倾听（critical listening）：一种监测我们如何聆听他人的方式，旨在尽可能准确地理解对方所说的话。

通过理解人类交流的逻辑——人们说的所有话都是在表达某种观点，支持某些看法，并会带来一定影响，等等——思辨者可以边聆听边通过共情的、分析性的方式进入他人的视角。检验自己是否批判性地倾听了他人所说的话，一个有效的方法是用自己的语言复述对方所说的话，然后让对方判断你是否抓住其所说的要点。

参见"批判性阅读"（critical reading）、"批判性写作"（critical writing）、"推理的要素"（elements of reasoning）、"认知共情"（intellectual empathy）词条。

有批判力的人（critical person）：这类人掌握了一系列的认知技巧和能力，表现出认知特质或品质。

如果一个人利用批判性思维的技巧谋求私利，那此人充其量还只是个批判意识薄弱的思辨者。相反，如果他们能够公正地使用认知技巧，常以共情的方式进入对方的视角，我们就可以称其为批判意识强烈的思辨者。当然，有批判力的人通常会有程度上的差别，没有人能成为"完美的思辨者"。

参见"批判性思维"（critical thinking）、"思辨者"（critical thinker）、"认知品质"（intellectual virtues）、"批判意识强烈的思辨者"（strong-sense critical thinkers）、"批判意识薄弱的思辨者"（weak-sense critical thinkers）词条。

批判性阅读（critical reading）：批判性阅读是一种主动的、认知参与的过程，在此过程中读者在内心与作者对话，将阅读的内容化为己有。

大多数人都不会批判性阅读，因此他们常常会遗漏一些内容，同时曲解一些内容。批判性读者明白，阅读本质上是要进入他人的视角——写作者的视角。批判性读者主动寻找假设、关键概念和观点、理由和证明、支撑的例子、相似的经历、影响和后果，以及书面文本的其他结构性特征，目的是准确而公正地阐释和评价文本。批判性阅读有多个层次，包括：1）准确地、符合逻辑地转述文本；2）用相关例子总结文本的主旨；3）分析文本；4）评估文本；5）角色扮演成文本作者。

参见"推理的要素"（elements of reasoning）、"分析"（analyze）、"评估"（assessment）词条。

批判型社会（critical society）：一个系统地培养批判性思维，因此也系统地鼓励反思性提问、认知独立和合理异议的社会。

为了理解何为批判型社会，我们可以设想这样一个社会，在这个社会中独立的批判性思维会体现在每个人的日常生活中。杰出的人类学家威廉·格雷厄姆·萨姆纳曾这样描绘理想的社会：

> 批判性思维如果成为社会习惯，就会渗透进社会行为习惯的方方面面，因为这是解决生活中各种问题的一种方式。这种社会教育出来的人不会被四处鼓吹自己理念的演说家左右，不会被狂热的演说欺骗。他们不会轻信人言，而会以不同程度的可能性来理解事物，不会完全肯定，也不会为之苦恼。他们会耐心等待证据出现，并权衡证据的可靠性，不会在他人强调自己的论断或表现得极度自信时有所动摇。他们能够抵抗住外界，避免在内心激起偏见，能够抵抗住甜言蜜语。可以说，对批判能力的教育是唯一一种保证能够培养出良好公民的教育。（《民俗论》）

在批判性思维习惯遍及整个社会之前（可能还需要几十年甚至更长时间），作为社会机构的学校一般会不加批判地传播主流的世界观，会将其当作现实而不是对现实的一种描绘来传播。致力于培养批判性思维的教育要求学校和课堂成为批判型社会的缩影。广义上，目前还没有形成批判型的社会。只有实现以下目标，批判型社会才能形成：

- 批判性思维被视为理性、公正生活的必备元素。
- 批判性思维成为教育的常规内容，学生的批判性思维能得到系统培养。
- 社会持续关注思维中各种错综复杂的问题。
- 社会有计划、有步骤地反对狭隘的思维，有计划、有步骤地鼓励开明的思维。

- 认知正直、认知谦逊、认知共情、信赖推理、认知勇气成为日常的社会价值观。
- 自我中心主义和社会中心主义的思维方式被视为社会生活的祸根。
- 在对儿童的常规教育中强调个体与他人的权利和需求是平等的。
- 培养一种多元文化的世界观。
- 鼓励独立思考，不鼓励不加批判地接受他人的思想和行为。
- 人们通常会审视并减少非理性思维。
- 人们将普遍的认知标准内化到自身。

参见"对话式教学"（dialogical instruction）、"认知品质"（intellectual virtues）、"知识"（knowledge）、"批判意识强烈的思辨者"（strong-sense critical thinkers）词条。

思辨者（critical thinker）：首先参见"批判性思维"（critical thinking）词条。思辨者总是努力过一种理性的、公正的、自我反思的生活。

思辨者很清楚一点，即（若不加约束）人类的思维在本质上是有潜在缺陷的。他们努力削弱自我中心主义和社会中心主义倾向的影响。他们使用批判性思维中的各种认知工具对自己的思维进行分析、评估和改进。他们努力培养自己的认知品质，包括认知正直、认知谦逊、认知礼仪、认知共情、认知正义感和信赖推理。他们知道，无论自己是多么娴熟的思考者，都必须不断提升自己的推理能力。他们知道，自己随时都可能在推理中犯错，可能出现人类天生的非理性、歧视、偏见和曲解的倾向，可能不加批判地轻信社会准则和禁忌，可能只顾个人私利或既得利益。他们尽自己所能帮助建设一个更加理性的、文明的社会。牵涉他人时，他们尽力考虑对方的权利和需求。一个人在多大程度上可被称为一个真正的思辨者，取决于这个人在日常生活中表现出哪些批判性思维的技巧、能力和特质。对思辨者来说，现在不存在"完美的"或"理想的"思想者，以后也不会出现。

参见"批判性思维"（critical thinking）、"批判性思维的发展阶段"（stages of critical thinking development）、"自我中心主义"（egocentricity）、

A
B
C
D
E
F
G
H
I
J
K
L
M
N
O
P
Q
R
S
T
U
V
W
X
Y
Z

A
B
C
D
E
F
G
H
I
J
K
L
M
N
O
P
Q
R
S
T
U
V
W
X
Y
Z

"社会中心主义"（sociocentricity）词条。

批判性思维（critical thinking）：批判性思维最根本的概念是很简单易懂的。所有的人都会思考，这是我们的本性。不过，如果放任不管，很多思考会是片面的、歪曲的、有失偏颇的、盲目的，或是彻头彻尾的成见。不幸的是，我们在金钱和生活质量上必须为拙劣的思考付出巨大的代价。当我们开始思考自己的思维方式，并致力于改进它时，批判性思维便由此开启。

除了这一基本定义，还有很多方式可以解释批判性思维，比如：

- 一种以改进思维为目的的、分析和评价思维的艺术。
- 一种严谨的、自主的思维方式，符合某种思维模式或某个思维领域所要求的认知标准。
- 一种通常可以展现出认知技巧、能力和特质的思维方式。
- 在思考的过程中反思自己的思维，从而让自己的思维更清晰、准确、合理等。
- 一种自主的、自我约束的思维方式，旨在在最高质量的水平上进行公正的推理。

批判性思维有多种形式和表现，认识到这一点有助于我们理解批判性思维。比如，有些批判性思维是片面的，有些则是全面的；有些批判性思维是诡辩式的，有些则是苏格拉底式的；有些批判性思维是隐性的，有些则是显性的。最后，有些批判性思维是系统的、统一的，有些则是零散的、零碎的。

参见"有批判力的人"（critical person）、"思辨者"（critical thinker）、"批判型社会"（critical society）、"批判意识强烈的思辨者"（strong-sense critical thinkers）、"批判意识薄弱的思辨者"（weak-sense critical thinkers）、"批判性思维的形式和表现"（critical thinking forms and manifestations）、"认知标准"（intellectual standards）、"推理的要素"（elements of reasoning）、"认知品质"（intellectual virtues）词条。

批判性思维的形式和表现（critical thinking forms and manifestations）：人们使用的批判性思维的变体、结构或类型。

批判性思维共有八种需要加以区分的形式（即四组相互对立的形式），可分为以下四类：批判性思维的方法要么是单维的，要么是全面的；要么是诡辩式的，要么是苏格拉底式的；要么是显性的，要么是隐性的；要么是系统的，要么是偶发的。如下所述：

全面的批判性思维（多维度的、跨学科的、跨专业的、可一般化的）：这种思维方式旨在发展可用于不同学科、主题或领域的概念和工具。全面的批判性思维是综合的、多重逻辑的。

单维的批判性思维（不全面的、学科内部的、专门的）：这种思维方式旨在寻找并使用能帮人评价和改进某学科、领域或专业范围的概念和工具。某一学科的方法论中常常可以找到单维的批判性思维的概念和工具，里面常常充斥着大量的专业术语。

苏格拉底式批判性思维（公正的、道德的、批判意识强烈的思维）：这种思维方式旨在将批判性思维与思维特质相联系，帮助思考者运用认知谦逊、认知共情、认知正直等。通过研究何种思维特质能使思考者在思考时保持认知共情和认知正直，以此来培养批判性思维，这种做法通常具有广泛的指导意义（因为有助于提升思维的思维特质通常适用于所有的思想领域）。

诡辩式批判性思维（不道德的、自私的、狭隘的批判性思维）：这种思维方式旨在开发一些概念和工具，让人学会如何操控或"欺骗"他人，让他人接受自己蹩脚的推理，从而使（诡辩式）思辨者赢得辩论。诡辩式思辨者以非理性的方式说服他人，滥用或者误用批判性思维工具。

显性的批判性思维：这种思维方式意味着（思考者）能清楚地意识到自己需要改进思维方式，并会为此主动设计策略。

隐性的批判性思维：这是一种娴熟且会发挥作用的思维方式，但是思考者不会清楚地意识到自己是如何进行批判性思考的。

系统的批判性思维（综合的）：一种有条理的、详细的、相互关联的知识学习方法，会使用一整套批判性思维的概念和原则。

A
B
C
D
E
F
G
H
I
J
K
L
M
N
O
P
Q
R
S
T
U
V
W
X
Y
Z

偶发的批判性思维：这种思维方式也需要很高的技巧，但只是零散的、偶发式的，而不是连贯的、系统的；是一种非综合的批判性思维。

多数情况下，我们都推荐全面的、苏格拉底式的、显性的、系统的批判性思维形式。这种思维形式可以培养普遍的认知技巧和工具，一旦能够化而用之，就可以帮助思考者：

- 在任何一个学科、专业或思想领域进行良好的推理（因为这种思维形式在本质上就是全面的）。
- 进行公正的推理（因为这种思维是苏格拉底式的，而非诡辩式的）。
- 找出自己推理中存在的问题（因为推理是显性的）。
- 以系统的、综合的方式应对复杂问题和事务，而不是以碎片化的、偶发的方式。

参见"诡辩式思辨者"（sophistic critical thinkers）、"苏格拉底式思辨者"（Socratic critical thinkers）、"全面的批判性思维"（global critical thinking）、"单维的批判性思维"（one-dimensional critical thinking）、"隐性的批判性思维"（implicit critical thinking）、"显性的批判性思维"（explicit critical thinking）、"系统的或综合的批判性思维"（systematic or integrated critical thinking）、"偶发的或零星的批判性思维"（episodic or atomistic critical thinking）词条。

批判性写作（critical writing）：在写作的同时思考自己的写作，以确保实现写作目的；这种写作是有实质内容的、有意义的，而且符合相关的通用认知标准。

实质性写作本质上指"有话可说，有话能说，有话好说"。这种写作应该是清晰的、有深度的，而且应该具有批判性思维的相关技巧。这种写作的初衷是在相关议题的视角之内真诚地进行思考。批判性写作需要修改数稿，目的是系统地改进写作内容。

参见"批判性倾听"（critical listening）、"批判性阅读"（critical reading）、"语言逻辑"（logic of language）词条。

批判性（criticality）：任何一种形式的有技巧的批评，比如善于判断、评价文学或艺术作品，有能力和技巧评价某事，善于学习更高层级思维的艺术或原则，或者善于研究科学、学术文本或文件。

批判性与创造性相对。批判性强调评价或判断的艺术，强调细致、准确、精确或深入的状态。它包括判断力、辨析力，是认知标准和准则的具体体现。

参见"批判的"（critical）、"批判性思维"（critical thinking）、"认知标准"（intellectual standards）词条。

批判（critique）：对某事的客观判断、分析或评价。

批判的目的和批判性思维的目的一致，即鉴别优势和劣势，识别优点和缺点。思辨者批判的目的是重新设计，重新塑造，并进行改进。思辨者批判时使用的基本工具是自然语言中现存的一套认知标准——清晰性、准确性、精确性、深刻性、宽广性、重要性、逻辑性、公正性、正当性和合理性。

参见"认知标准"（intellectual standards）、"评价"（evaluation）词条。

文化联想（cultural associations）：文化联想是指大脑中相互关联的想法，这些联系通常不甚恰当，是由社会影响导致的。

即便不是大多数，我们的很多重要想法都与文化联想有关或由其引导。媒体广告会把不相关的事物放在一起，并让它们在逻辑上建立联系，以影响我们的购买习惯（比如，饮用这种品牌的饮料，你就会变得很"性感"；驾驶这种型号的汽车，你就会变得"有吸引力"和"有影响力"）。从小生活在某个国家或者某个群体的我们会形成一系列心理关联，如果不对其进行检视，这些关联就会过度影响我们的思维和行为。

当然，并非所有的文化联想都是有问题的。只有经过严谨的检视，我们才能区分哪些联想有问题，哪些联想没有问题。

参见"联想性思维"（associational thinking）、"文化假设"（cultural assumption）、"概念"（concept）、"批判型社会"（critical society）词条。

A
B
C
D
E
F
G
H
I
J
K
L
M
N
O
P
Q
R
S
T
U
V
W
X
Y
Z

文化假设（cultural assumption）：一种由于受到某个社会的熏陶而默认接受的、未经评判的（往往也是隐性的）想法。

我们从小生活在某个文化中，因此会不知不觉接受其中的观点、价值观、看法和习俗。追本溯源，它们背后都有很多假设。我们往往意识不到其实我们都是按照未加批判形成的假设来进行理解、构思、思考和体验的，因此我们都认为自己看到的是"事物本来的面目"，却不知道其实自己看到的是"事物透过文化视角呈现出的面目"。意识到自己的文化假设，我们就可以对其进行批判性审视，这是批判性思维至关重要的环节。但是，教育的过程在很大程度上缺失了这一环节。相反，许多中小学甚至大学往往都在不知不觉中隐性地培养学生盲目接受集体意识形态的倾向。

参见"社会中心主义"（sociocentricity）、"民族中心主义"（ethnocentricity）、"成见"（prejudice）、"社会层面的矛盾"（social contradiction）词条。

-D-

数据（data）：推论、阐释或理论所依据的事实、数值或信息。

思辨者通常会将硬数据[3]和基于硬数据得出的推论或结论区分开来。缺乏批判性思维的人常常将数据与阐释混为一谈。当然，我们还应该认识到，数据要呈现出来或传递出去，必定要在某种程度上对数据进行"概念化"处理。无论以何种方式处理数据，我们都需要对这些方式进行分析或批判。

参见"信息"（information）、"证据"（evidence）、"推断"（conclude）、"推论"（infer/inference）词条。

防御机制（defense mechanisms）：人类心智使用的一种自我欺骗的方

---

3 译者注：指从可靠来源获得的客观数据，具有可直接测量性、真实性、无可争辩性，区别于通过较为主观的调查等获得的软数据。

式，目的是避免应对一些无法被社会接受或令人痛苦的观点、想法或情境。

人类心智通常会参与无意识的过程，受到自我中心主义的驱使，这些过程会强烈地影响我们的行为。以自我为中心的我们会努力获得自己想要的东西，会透过自私狭隘的视角看待世界。然而，我们却认为自己的行为出于完全合理的动机，因此我们会把自我中心主义的动机伪装起来。为了进行伪装，我们就需要自我欺骗。自我欺骗是经由防御机制完成的。借助防御机制，大脑可以避免清楚地识别出负面情绪，如愧疚、痛苦、焦虑等。在弗洛伊德的心理分析理论中，防御机制一般指无意识思维为了应对现实、维持积极的自我形象而使用的心理策略。防御机制理论很复杂，有些理论学家认为防御机制在有些情况下可能是健康的（尤其是在孩童时代）。但是，如果这些机制在正常成年人的大脑中运转，就会严重阻碍理性的形成，不利于批判型社会的构建。所有人都会自我欺骗，但是思辨者会始终努力真诚行事，尽量减少自我欺骗，同时去深入了解有哪些自我欺骗倾向，力求使其频率和强度降至最低。

（本术语手册收录的）一些最常见的防御机制包括："否认"（denial）、"身份认同"（identification）、"投射"（projection）、"压抑"（repression）、"合理化"（rationalization）、"刻板印象"（stereotyping）、"推诿"（scapegoating）、"一厢情愿的想法"（wishful thinking）。另可参见"自我中心主义"（egocentricity）词条。

否认（denial）： 指一个人拒绝相信无可争议的证据或事实，目的是维持积极的自我形象或自己所认同的一套信念。

否认是最常用的防御机制之一。所有人都可能在某一时刻否认自己无法面对的事，比如关于自己或他人的一些不愉快的事实。例如，某个篮球运动员可能否认自己在比赛中暴露出的真实存在的缺点，以便维持自己作为出色篮球运动员的形象。又如，一个"爱国者"在面对确凿的证据时，可能否认自己国家曾经做出的侵犯人权的或不正义的事。

参见"防御机制"（defense mechanisms）词条。

欲望（desire）：对某物的愿望、渴望或热望。

欲望和情绪或感情共同构成了人类心智的情感维度。人类心智的另一个维度是认知或思维。

思辨者会追逐那些使自己获得愉悦或满足（但是不会侵犯他人的权利）的欲望。思辨者会常常检视自己的欲望，确保自己的欲望是合理的、不侵犯他人权利的。

参见"人类心智"（human mind）、"情绪"（emotion）、"理性情绪"（rational emotions）、"思考"（think）词条。

辩证思维（dialectical thinking）：从两个或多个对立的视角进行辩证的推理；从多个视角进行思考；以辩论的方式检验两个对立的观点，衡量它们的优势和劣势。

辩证思维是指推理者摆出两个针锋相对的观点，为每个观点都提供依据，提出异议，反驳异议，再提出异议，再反驳异议，如此往复。法庭审判和辩论在一定意义上就是辩证的，即通过辩证的思考或讨论来驳倒自己不赞同的观点，以从中"获胜"。在此过程中，可以使用批判性见解支撑自己的观点，并指出对方观点的缺陷；这是一种批判意识薄弱的或诡辩的辩证思维。与之相对的还有另一种辩证思维，这种思维承认自己的某些观点经不起推敲，愿意整合或吸纳对方观点的可取之处，并通过批判性见解使自己形成更加完整和准确的观点；这是一种批判意识较强或较为公正的辩证思维。电视上看到的辩论几乎不会出现这种批判意识强烈的辩证思维，一个明显的例子是参与辩论的人很少改变自己的立场。他们几乎从来不会说："你提出的观点很重要，我此前没有想到这一点。我需要仔细考虑，评判一下它的优势和劣势。谢谢你让我注意到这个观点。"

参见"对话式思维"（dialogical thinking）、"单一逻辑问题"（monological problems）、"复合逻辑思维"（multilogical thinking）、"复合逻辑问题"（multilogical problems）、"批判意识强烈的思辨者"（strong-sense critical thinkers）、"批判意识薄弱的思辨者"（weak-sense critical thinkers）词条。

对话式教学（dialogical instruction）：这种教学方式鼓励学生从多个角度对观点进行开放式的讨论和辩论。

对话式教学对批判性思维的培养至关重要，因此这种形式的教学应该在各级学校教育中广泛推广。对话式教学可以培养学生运用相关学科来思考重要问题的能力，可以鼓励学生发自内心地考虑与这些问题相关的不同视角，尤其是常常被主流思维忽视的但却重要的视角。

参见"对话式思维"（dialogical thinking）、"批判型社会"（critical society）、"高阶学习"（higher order learning）、"苏格拉底式诘问"（Socratic questioning）、"知识"（knowledge）、"说教式教学"（didactic instruction）、"低阶学习"（lower order learning）词条。

对话式思维（dialogical thinking）：这种思维方式指的是通过不同视角或参照标准进行对话或深入交流。

对话式思维的前提是人们发自内心地愿意理解陌生的观点，并愿意从这些角度进行思考。与之相关的是认知共情，即愿意进入某种视角以便全面地理解它，相信推理的力量，愿意被有力证据说服。对话式思维是学习的一个重要部分，有这种思维的学生常常向他人表达自己的观点，并且尝试将他人的观点纳入自己的观点（或者将自己的观点与他人的观点相融合）。

参见"对话式教学"（dialogical instruction）、"信赖理性"（confidence in reason）、"认知共情"（intellectual empathy）、"苏格拉底式诘问"（Socratic questioning）、"复合逻辑思维"（multilogical thinking）、"辩证思维"（dialectical thinking）、"单一逻辑思维"（monological thinking）词条。

说教式教学（didactic instruction）：学究式教学；通过说教进行教学。

在说教式教学中，教师直接告诉学生关于某个话题应该相信什么，以及应该如何思考。学生的任务就是记住老师说的话，然后根据要求进行复述。这种最常见的教学模式基于一种错误的假设：我们可以直接把知识教给某人，而不需要此人通过思考来获取知识。使用说教式教学的老师都误认为学习知识可以与理解及证明割裂开来。他们把"能说出一个定律"与"理解一个定律"混为一谈，把"能提供定义"与"能灵活运用定义"混为一谈，将"说出某事重要"与"认识到某事重要"混为一谈。

参见"批判型社会"（critical society）、"对话式教学"（dialogical instruction）、"苏格拉底式诘问"（Socratic questioning）、"知识"（knowledge）词条。

思想领域（domains of thought）：一套由意义构成的逻辑系统，各个部分之间互相关联。每个思想领域都有一套独有的逻辑，都有不同的目的、问题、信息、概念、理论、假设和含义。

人类思想的每一个区域都代表一个"领域"，都有自己独特的逻辑。当然，很多学科都包含多个领域。比如，"科学"作为一套思想的逻辑系统就包含多个子领域（如生物学、植物学、天文学、物理学）。每个子领域又都有自己独特的逻辑。每个思想领域都与其他领域有着某种联系。比如，心理学与社会学、历史学、人类学等学科都有紧密的联系，因为若要真正理解人类行为，就要理解与之相关的社会的、历史的和人类学的影响。思想领域不局限于学科，通常是包含在学科之中。任何一个由观念构成的互相关联的逻辑系统都可以构成一个思想领域，比如为人父母就自成逻辑。同样，预算、诗歌、婚姻也都有自身的逻辑。有时，某个学科（作为大的思想领域）会衍生出另一个思想领域，并确立为一个新的学科。

批判性思维也是一个独特的思想领域，因为它也是一个思想系统，能够打通其他所有的思想系统（因为它提供的工具可以分析和评估任何一个思想领域）。但是，它尚未被确立为一门学科。相反，很多学科现在竞相争夺对批判性思维的控制权（而且常常按照自己狭隘的逻辑来定义批判性思维）。

思辨者训练独立思考，其目的就是思考议题的本质及议题所"属"的领域。

参见"问题逻辑"（logic of questions）、"推理的要素"（elements of reasoning）词条。

-E-

教育（education）：开发心智，以学习立德立业所需的认知技巧、知识和品质为目标的过程。

严格意义上说，教育旨在通过培养认知技巧和品质将心智从未经批判便接受的观念中解放出来。教育帮助人类心智习得必要的认知工具和知识，从而能够在越来越复杂的世界里生活。教育意味着在涉及与真理相关的问题时要终生追寻真理——无论真理会与什么挂钩——不考虑既得利益、地区本位和群体意识形态。不幸的是，这种理想状态目前（至多）只实现了一部分，因为学校和教师本身就已被社会、政治和宗教的各种观念体系所束缚，他们自身并不曾以批判的态度审视这些观念体系，然后又（常常不自知地）将这些观念灌输给自己的学生。

1851 年，约翰·亨利·纽曼[4]曾经写下名为《大学教育目的与本质之演说》的系列演讲，之后于 1852 年集结成《大学的理想》一书出版。纽曼在书中详细阐述了教育的概念，这可以说是目前认识最深刻、最能把握教育实质的定义。从下面这段选文可以窥见纽曼对教育的认识的深刻程度：

> 教育是一个崇高的字眼。教育就是为获取知识作准备，教育就是根据所作的准备传授知识。准备越充分，获取知识越多；准备越少，获取的知识也越少。我们用慧眼去感知，用肉眼去观察。有灵气的目标和有灵气的感觉器官，两者缺一不可。不开始行动，永远也得不到这两样法宝。躺着睡大觉或者靠运气，我们也得不到它们。
>
> 教育能给人以对自己的观点和判断有一种清晰和清醒的认识，给人以发展这种观点与判断的真理，给人以表述这种观点与判断的

---

4 译者注：约翰·亨利·纽曼（John Henry Newman，1801—1890），英国著名思想家和神学家。

口才，给人以倡导这种观点与判断的力量。它教他客观地对待事物，教他开门见山直奔要害，教他理清混乱的思想，教他弄清复杂的而摒弃无关的。它能使他可靠地胜任任何职位，使他灵巧熟练地掌握任何学科。它会告诉他如何与人和睦相处，如何想别人所想，如何把自己的想法告诉别人，如何影响别人，如何与别人达成共识，如何容忍别人。……他知道什么时候能说，什么时候应保持沉默。他能滔滔不绝地说个没完，也能安安静静地听得出神。当他摸不着头脑的时候，他会中肯地提问并及时吸取教训。[5]

批判性思维的概念和原则对培养学生的思维至关重要，因为这些概念和原则为教育提供了手段。各层级的学校都应该培养学生的批判性思维。

"教育"这个概念常常与"灌输"（indoctrination）、"训练"（training）和"社会化"（socialization）等概念相混淆，这些概念在本术语手册均有收录。另请参见"批判型社会"（critical society）词条。

自我中心主义（egocentricity）：倾向于从自我出发来看待一切事物，将直觉（事物表象）与现实混为一谈，以自我为中心，或者只考虑自己或只考虑自身利益；自私；为坚持某种观点或看法而曲解现实。

人的欲望、价值观或信念（似乎必定是正确的或者优于他人的）常常被不加批判地用作评判看法和经历的无意识的标准。自我中心主义是批判性思维的根本障碍之一。学习批判意识强烈的批判性思维会让人变得更加理性，减弱自我中心主义倾向。

参见"自我中心主义式的专横"（egocentric domination）、"自我中心主义式的概括"（egocentric immediacy）、"自我中心主义式的顺从"（egocentric submission）、"防御机制"（defense mechanisms）、"人类本性"（human nature）、"社会中心主义"（sociocentricity）、"个人层面的矛盾"（personal contradiction）、"无意识思维"（unconscious thought）、"批判意

5　译者注：译文选自《大学的理想》，约翰·亨利·纽曼著，徐辉、顾建新、何曙荣译（杭州：浙江教育出版社，2001 年）。

识强烈的思辨者"（strong-sense critical thinkers）词条。

自我中心主义式的专横（egocentric domination）：一种自我中心主义的倾向，即不合理地使用直接权力来威慑或恐吓他人（或其他有感知能力的生物），以获得自己想要的东西。

对他人自我中心主义式的专横可能是隐性的，也可能是显性的。一方面，自我中心主义式的专横可能包含残酷的、专横的、暴戾的或霸凌的行为（比如配偶的暴力倾向）。另一方面，这种现象也可能体现在微妙的信息或行为上，比如在"必要"的时候会动用控制权和武力（比如上级旁敲侧击地暗示下级，要想保住工作就必须坚决服从）。人类不理性的行为常常包含专横或顺从的行为。比如，在"理想的"法西斯社会，（除独裁者之外）所有人都会对自己的上级唯命是从，同时对自己的下级专横跋扈。

参见"自我中心主义式的顺从"（egocentric submission）、"自我中心主义"（egocentricity）词条。

自我中心主义式的概括（egocentric immediacy）：（皮亚杰[6]提出的）非理性倾向，即个体会根据一些积极或消极的事件做出轻率的概括，心态要么是"生活真美好"，要么是"生活真糟糕"。

自我中心主义式的概括是一种很常见的人类思维模式，它是批判性思维的障碍之一。自我中心主义式的概括不会准确地阐释各种情境，而是会让大脑进行过于笼统的概括，将世界简单地视为非黑即白。

参见"自我中心主义"（egocentricity）词条。

自我中心主义式的顺从（egocentric submission）：在心理上与有权势的人联合并为其服务，以得到自己想要的东西的非理性倾向。

人天生就会关注自己的利益，主动满足自己的欲望。在充斥着心理上的权势和影响的世界里，人们一般会习得两种获得"成功"的方式：

6　译者注：让·皮亚杰（Jean Piaget, 1896—1980），瑞士儿童心理学家。

A
B
C
D
E
F
G
H
I
J
K
L
M
N
O
P
Q
R
S
T
U
V
W
X
Y
Z

第一，通过自我中心主义式的专横，在心理上（隐晦或公开地）征服或恐吓阻碍自己的人；第二，在心理上与有权势的人站在同一战线并为之效力。相应地，有权势之人会：1）在弱势方面前展现自己的至高无上；2）保护弱势方；3）与弱势方分享成功带来的好处。不理性的人会同时使用上述两种获得"成功"的方式，虽然程度不尽相同。

人若顺从比自己更有权势的人，那么这种行为可称为"自我中心主义式的顺从"。人若公然动用控制权和武力，那么这种行为可称为"自我中心主义式的专横"。这两种行为在公开场合都能看到，比如摇滚歌星或体育明星与粉丝的关系。大多数社会群体都有一种内在的"啄食顺序"，有人扮演领导者的角色，大多数人则扮演追随者的角色。公正又理性的人既不会支配他人，也不会盲目地顺从支配他人的人。

自我中心主义式的顺从的反面是自我中心主义式的专横。另请参见"自我中心主义"（egocentricity）词条。

推理的要素（elements of reasoning）：指所有推理中都蕴含的或预设的思维成分——目的、问题、信息、推论、假设、概念、影响、视角；也被称为"思维的成分""思想的要素"或"思想的结构"。

所有的推理都包含一套普遍的成分，审视每个成分时我们都可能发现问题。换言之，无论何时思考，我们都会带有一定的目的，会带有某种视角，基于某些假设，最终导致某些影响和结果。我们会使用概念、想法或理论来阐释数据、事实和经验（信息），目的是回答问题、处理问题或解决问题。思辨者会培养相关技巧，以识别并评估自己及他人思维中的这些成分。

将推理分析细化为各种成分或结构是批判性思维的三大基本构成之一，另外两个是对思想的评估（认知标准）和对认知品质的培养。

参见"分析"（analyze）、"目的"（purpose）、"问题"（question）、"推论"（infer/inference）、"概念"（concept）、"假设"（assumption）、"影响"（implication）、"视角"（perspective）、"认知标准"（intellectual standards）、"认知品质"（intellectual virtues）词条。

情绪（emotion）：被激发至意识层面的感觉；常常指一种强烈的感觉或兴奋的状态。

我们的情绪与想法和欲望不可分割，紧密相连。这三种心理结构——想法、感觉和欲望——持续地相互作用，彼此影响。比如，想到事情进展对自己不利时，我们就会有负面的感觉。此外，在任何时刻，我们的想法、感觉和欲望都会受到理性或与生俱来的非理性倾向的影响。当我们的思维不理性或表现出自我中心主义时，就会激起不理性的感觉。此时，我们可能被激发出强烈的愤怒、恐惧或嫉妒，这些情感可能导致我们的客观性和公正性降低。

如此说来，情绪可以反映事情的发展对我们有利还是不利。通常，人类感受到的情绪状态可按照从"大起"到"大落"的顺序排列，从兴奋、喜悦、愉快、满足到愤怒、防卫、抑郁等。相同或类似的感觉状态的体验可能与理性或非理性的思想或行为有关。比如，成功支配他人时［参见"自我中心主义式的专横"（egocentric domination）词条］，或者成功教会一个孩子阅读时，我们可能会感到满足。又比如，有人拒绝服从我们不理性的命令时，或者感受到世界上的不公时，我们可能会感到愤怒。因此，从满足或愤怒这种感觉本身而言，我们无法判断导致这种感觉的想法是好还是坏。

无论如何，情绪或感觉都与想法有着紧密的联系。比如，强烈的情绪可能妨碍我们进行理性的思考，可能导致我们无法思考和做出行动。此外，我们的情绪通常能在认知维度上得到解释，因此拥有分析何种想法导致何种情绪的能力对理性生活至关重要。

比如，思辨者会努力识别不正常的思维何时会导致不恰当或无益的感觉状态。他们会利用自己对理性的热爱（如力求公正）帮助自己进行推理，明白何种感觉符合事实情况，而不是任由自己曲解现实，做出自我中心主义的反应。因此，情绪和感觉本身并不是非理性的，只有当它们发源于自我中心主义的想法并为这种想法推波助澜时才是非理性的。批判意识强烈的思辨者致力于过一种理性的生活，让理性的情感占据主导，尽量减少自我中心主义的感觉。

A
B
C
D
E
F
G
H
I
J
K
L
M
N
O
P
Q
R
S
T
U
V
W
X
Y
Z

参见"情商"（emotional intelligence）、"人类心智"（human mind）、"理性情绪"（rational emotions）、"认知品质"（intellectual virtues）、"批判意识强烈的思辨者"（strong-sense critical thinkers）、"非理性情绪"（irrational emotions）词条。

情商（emotional intelligence）：将智力与情绪联系起来；利用娴熟的推理掌控自己的情感生活。

这一理念背后的基本前提是，在特定情境下，高质量的推理带来的情绪状态比低质量的推理所带来的情绪状态更令人满意。掌控自己的情感生活是批判性思维的主要目的之一。

近年来，情商多和与日俱增的大脑研究联系在一起，这些研究试图将脑化学与心理机能联系起来；换言之，就是将大脑中发生的神经过程与心智中发生的认知或情感过程联系起来。但是，对于这种研究得出的推论，我们要谨慎对待，不能过度引申。比如，有些研究者提出杏仁核（一个所谓的大脑原始部位）可以在大脑尚未来得及"思考"之前就诱发了针对情境的情感反应。这一过程被用来解释谋杀等事件（比如，"在他的高阶心理机能阻止他杀人之前，他的情感已做出反应，杀死了某人"）。但是，每种情感反应都与某种思维相关联，无论这种情感反应多么原始。如果我因为某个巨大的声响而吓得跳了起来，那是因为我认为可能有危险发生。再次重申，这种思维可能很原始，可能是瞬间发生的，但它仍然属于思维范畴。

对于普通人来说，掌控自己的情感生活并不需要关于脑化学和神经学的专业知识。只要研究一下大脑及其功能（思维、感受、欲望），我们就能获得足够培养起情商的知识。比如，从情绪总与某种思维相关这个前提出发，我们可以分析何种思维导致我们产生了情绪，分析情绪如何使我们在特定情境中无法理智或理性地思考。我们还可以分析何种情境容易带来非理性的想法和非理性情绪。

参见"情绪"（emotion）、"人类心智"（human mind）、"理性情绪"（rational emotions）、"非理性情绪"（irrational emotions）词条。

实证的（empirical）：依赖或基于实验、观察或经验而非概念或理论的；可以通过经验或实验证明或证实的。

区分哪些想法基于实验、观察或经验，哪些想法基于某个词、概念的意思或某个理念的含义，这点非常重要。当然，在更深层次的意义上，所有的经验都要借助概念或理论来理解。不过，我们仍然需要将实证维度（如事实和数据）和概念维度区分开来。

缺乏批判意识的思维或自私的批判性思维的一个常见形式就是曲解事实或经验，目的是维护预设的意义或理论。的确，人们经常曲解事实，不肯承认自己偏爱的理论或信念有缺陷。比如，很多经济学家支持"听任资本主义自由放任，政府不应干涉或调控"的理论，认为为了所有人的长远利益，市场会"管好自己"。但是，他们没有考虑到一点：人的自私和贪婪常常会干扰这一过程。

参见"数据"（data）、"事实"（fact）、"证据"（evidence）、"概念"（concept）、"理论"（theory）词条。

实证含义（empirical implication）：借助经验或科学规律而非语言逻辑得出的关于某个情境或事实的含义。

每个情境都有自身的实证含义。我们不仅要考虑信息本身，还要考虑该信息可能具有的隐含义或可能带来的影响。炉子上的铁圈发红，其实证含义是铁圈达到了危险等级的热度。思辨者会首先认真思考信息会带来的重要影响，然后才会采取行动。

参见"实证的"（empirical）、"影响"（implication）词条。

偶发的或零星的批判性思维（episodic or atomistic critical thinking）：具有高超的推理技巧，但是只是零星或偶然发生的，而非连贯或系统发生的；未整合的批判性思维。

许多人都会批判性地思考（至少偶尔如此）。但很多人对批判性思维都缺少一种全局的认识，而且意识不到自己没有系统地进行批判性思考。偶发的批判性思维常常与零星的或碎片化的批判性思维为伍。比如，某人可能会偶尔质疑信息的来源，但是却很少质疑可疑的推论。偶发的或零星的批判性思维与系统的或综合的批判性思维相对。两者的区别在于程度的不同，而非性质上的绝对差异。

参见"系统的或综合的批判性思维"（systematic or integrated critical thinking）、"批判性思维的形式和表现"（critical thinking forms and manifestations）词条。

伦理推理（ethical reasoning）：深思那些会给有感知的生物带来影响的问题或议题。

和大众的想法不同，伦理推理其实和任何其他领域的推理一样，可以进行分析和评判。伦理推理具有和其他推理一样的要素，也可以使用同样的标准进行评判，包括清晰性、准确性、精确性、相关性、深刻性、宽广性、逻辑性和重要性等。理解伦理原则对进行合理的伦理推理非常重要，正如对数学和生物推理来说，理解数学和生物学的原则具有重要意义一样。合理的伦理思维的根本驱动力是伦理概念（如公正）、伦理原则（如"同样的事按同样的标准处理"）以及批判性思维的可靠原则。

伦理原则是人类行为的指引，指明何为行善，何为作恶，何者当为，何者不当为。当某个行为严格来说并非义务时，这些原则能让我们确定此行为的伦理价值。伦理问题和其他思想领域的任何问题一样，既可能有一个清晰的答案，也可能有几个相互对立但都合理的答案（这些情况就需要我们尽力判断）。然而，这与个人的喜好无关，比如"哦，你喜欢公正，可我喜欢不公正！"这种说法是没有意义的。

人们常常将伦理和其他的思维模式混为一谈，比如社会传统、宗教和法律等思维模式。此时，我们其实是用文化准则和禁忌、宗教意识形态或法律条款来定义伦理道德的。例如，如果中世纪时某宗教团体提倡杀死头胎的男孩，或者用少女向神献祭，认为宗教等同于伦理，那么这些行为就会被视作是正当的，或者说在伦理上是正确的，但事实上并非如此。很明显，伦理与其他思想体系的这种重叠对许多方面有重要影响，包括我们的生活方式，如何定义善恶，以及确定哪些行为应施予惩罚，哪些行为值得被倡导或允许。

参见"判断类问题"（questions of judgment）、"事实或程序类问题"（questions of fact or procedure）、"偏好类问题"（questions of preference）、"学科逻辑"（logic of a discipline）、"认知标准"（intellectual standards）词条。

民族中心主义（ethnocentricity）：认为自己的民族或文化优于其他民族或文化，进而以自己文化的标准来评判其他文化。

民族中心主义可以理解为一种从自身扩展到自己所属群体的自我中心主义。很多缺乏批判意识的思维或自私的批判性思维在本质上要么是自我中心的，要么是民族中心的。（民族中心主义和社会中心主义常常被用作同义词，但是后者的范围更广，可以与任何一个群体相关，比如对自己从事的职业的社会中心主义认同。）应对民族中心主义或社会中心主义的良方是经常从其他群体或文化的视角共情思考。现在的社会和学校很少培养这种共情思考。相反，很多人大谈特谈要宽容，却从未认真考虑过其他群体的信念和行为的价值，也未曾考虑过这些信念对这些群体的意义，以及他人为何会持有这样的信念。

参见"社会中心主义"（sociocentricity）词条。

评价（evaluation）：判断或决定某物的价值或质量。

对思想的评价在人类心智中会自然发生。然而，人们一般都不清楚自己使用何种标准，或者应该使用何种标准来确定自己应该相信什么。比如，我们应该谨慎地区分批判性评价和纯主观偏好。在进行推理评价时，我们应该始终尽力符合相关的认知标准。请注意下列评价性问题中标蓝的认知标准：

- 精确而言，我们在评价些什么？
- 我们对自己的目的是否清楚？我们的目的是否正当、合理？
- 在目的已确定的情况下，用以评价的相关标准或准则是什么？

A
B
C
D
E
F
G
H
I
J
K
L
M
N
O
P
Q
R
S
T
U
V
W
X
Y
Z

- 对于我们正在评价的对象，我们是否有足够的信息？这些信息是否与目的相关？
- 我们是否准确且公正地将标准应用于我们所知的事实？

缺乏批判意识的思考者常常将评价等同于个人偏好，或者将自己的评价性判断视为直接观察，不承认会有出错的可能（换言之，将观察与阐释混淆）。

参见"认知标准"（intellectual standards）、"判断类问题"（questions of judgment）、"偏好类问题"（questions of preference）词条。

证据（evidence）：指某种数据，可以是某个判断或结论的基础，也可以用来确定某事的必然性或可能性；可以使另一件事变得更清楚明白的东西；有可能证明另一件事的东西。

思辨者能区分两种事物，一种是自己的阐释或结论所依据的证据或原始数据，另一种是引导人从数据得出结论的推论和假设。缺乏批判意识的思考者会将自己的结论视为在亲身经历中获得的事实，或者视为自己在现实世界中直接观察到的事实（而不是视为可能有争议的推论）。结果，他们很难理解为何其他人会不同意自己的结论。毕竟，他们认为自己的观点显而易见就是真理。在描述证据或经历时，这种人很难甚至无法不让自己的阐释影响自己的描述。

参见"信息"（information）、"阐释"（interpret/interpretation）、"推论"（infer/inference）词条。

显性的（explicit）：表述明确的，不留任何引申空间的，不让自己的表述留下任何疑问的。

批判性思维以一个前提为基础，即我们的思维越清楚，我们越有可能找出思维中存在的问题。如果思维一直保持在无意识层面，那么其中包含的往往是真假参半的内容，以及曲解、偏见等。这些内容都是无意识的，因此我们也无法对其进行监控。我们可以使用批判性思维工具（如推理的要素和认知标准）将思维从无意识层面带至有意识层面。无论我们思考的事重要与否，这一点都至关重要。只有这样，我们才能让思想变得明晰、确切、具体和精确。

相关术语："确切的"（exact）和"精确的"（precise）指的都是严格定义的、准确表述的或明确无误的；"明确的"（definite）指的是对某事的性质、特点、意义等有确切的限定；"具体的"（specific）指的是明确列出细节或详细列举参考资料。

参见"有歧义的"（ambiguous）、"阐明"（clarify）、"无意识思维"（unconscious thought）词条。

显性的批判性思维（explicit critical thinking）：这种思维意味着思考者能清晰地意识到自己需要改进思维，同时制定明确的策略来实现这个目的。

如果让批判性思维上升至显性或意识层面，我们就能找出自己思维中那些一直隐而不现的问题，还能制定相应策略来应对这些问题。经常将思维上升至意识层面对发挥自己作为理性个体的潜能至关重要，因为未经审视的思想常常是有歧义的、自我中心的或不合理的。

参见"隐性的批判性思维"（implicit critical thinking）、"批判性思维的形式和表现"（critical thinking forms and manifestations）词条。

-F-

事实（fact）：众所周知已发生的、存在的或者真实的事；可通过实证的手段证实；有别于阐释、推论、判断或结论；原始数据。

"事实的"有两种截然不同的含义：1）"真的"（区别于"据说是真的"）；2）"实证的"（区别于"概念上的"或"评价性的"）。在第一层含义中，它指的是说法的真实性（比如，"水由两种元素构成"就是一个事实）。在第二层含义中，它指的是说法的类别（比如"事实"与"观点"相对）。人们常常将这两层含义混淆，甚至将某些仅仅"貌似为真的"

事当作事实（比如，"29.23% 的美国人患有抑郁症"是一个与事实有关的说法，如果这个说法是真的，它表达了第一层含义上的事实）。但是，在接受一件事情为真之前，我们要评估它。我们要问一些问题："你怎么知道的？如何才能证实？"对于道听途说的事实，应该评估其准确性、完整性和相关性，还应评估其来源的可靠度、可信度和合理性。

有些学校的教学很看重记忆和复述事实性的说法（而学生不理解这些"事实"，也不会适时地质疑其是否合理），这种教学妨害了学生评估所谓的事实的愿望和能力。这会导致各种问题，比如学生对所学内容的意义究竟为何存在误解；某些满口"事实"的权威可以轻而易举地操控学生；学生头脑普遍显得"简单"。此外，有些让学生"区分事实和观点"的活动也常常混淆这两者。这些活动鼓励学生将一些"看似是"事实的说法接受为真，却未能明白很多观点都是以信息或事实为基础的。

参见"信息"（information）、"知识"（knowledge）、"推论"（infer/inference）、"阐释"（interpret/interpretation）词条。

公正的（fair）： 公平地对待各方，不会偏向自己的观点、感受或利益。

相关术语："正义的"（just）指的是遵守正当的或合法的标准，不偏向个人喜好；"不偏不倚的"（impartial）和"无偏见的"（unbiased）都是指不带偏见地支持或反对任何一方；"平心静气的"（dispassionate）指没有强烈情绪，因此意味着冷静的、不涉己利的判断；"客观的"（objective）指不考虑自身利益的前提下看待某人或某物。

公正性是一条至关重要的认知标准，但人们常常违反这一标准。

参见"认知标准"（intellectual standards）、"公平公正"（fair-mindedness）、"伦理推理"（ethical reasoning）词条。

公正的思辨者（fair-minded critical thinkers）： 参见"批判意识强烈的思辨者"（strong-sense critical thinkers）、"公平公正"（fair-mindedness）词条。

公平公正（fair-mindedness）：一种可通过培养获得的心智倾向，使思辨者能够以客观的方式对待与某议题相关的所有视角，而不会偏向自己的观点或自己所属群体的观点。

公平公正意味着认识到要同等对待所有相关的观点，不考虑自己、朋友、社群、民族或种族的感受或私利。它意味着遵守相关认知标准，而不考虑自己的利益或自己所属群体的利益。

人们缺乏这种心智倾向的主要原因有三：1）天生的自我中心主义思想；2）天生的社会中心主义思想；3）缺乏推理复杂伦理问题所需的认知技巧。

参见"认知特质"（intellectual traits）、"认知标准"（intellectual standards）、"伦理推理"（ethical reasoning）、"自我中心主义"（egocentricity）、"社会中心主义"（sociocentricity）词条。

信念（faith）：对任何事都毫不怀疑地相信；并非基于证据的看法；对宗教教义、学说或其他形而上体系的信仰；对某人或某物的信心或信任。

在批判性思维的范畴里，信念有两种表现形式：一种是盲目或不理性的信念，另一种是基于理性的信念。盲目接受任何事物是没有意义的，因为如果一件事是错的，一些消极后果可能随之而来。批判性思维的核心基础是检视某个潜在的信念是否可靠或合理。

每个信念的达成都基于某种想法，这种想法可能正当，也可能不正当。因此，盲目相信的人若是受到质疑，就会声称自己信念其实是合理的。就其最纯粹的含义而言，甚至连宗教信仰也不能盲目接受，因为人们相信某个宗教而不是其他宗教一定是出于某些理由的。他们给出自己的理由时，会暗示有充分的理由接受某个宗教信仰体系而不是其他体系。比如，基督徒相信他们有充分的理由不做无神论者，而且基督徒常常试图劝说非基督徒改变自己的信仰。在某种意义上，每个人都相信自己有足够的心智进行正确的判断（即使他们的信仰大多是盲目的）。

思辨者对理性也会有信念或信心，但是这种信心不是盲目的。他们知道，理性和合理对学习知识至关重要。若世界上无人相信证据，以及准确性、相关性或其他认知标准，那后果将是无法想象的。

参见"信赖理性"（confidence in reason）词条。

谬误（fallacy）：欺骗，骗局，伎俩，诡计；欺骗性或误导性的论点，诡辩式的推理；迷惑性的观念，错误，特别是站不住脚的推理导致的错误。

人在思考时常常自欺，因此想法会有谬误。除了自欺，还有无数的伎俩可以用来掩饰蹩脚的推理，让拙劣的思维显得优越，以掩盖真实情况。大多数人都不愿意承认自己的推理是蹩脚的，因为这种推理可以支撑自己笃信的东西。比如，人们会无意识地接受一个前提，即为了争名夺利可以不择手段。他们认为，无论任何论点、任何思考、任何心理伎俩或心理建设，只要能让那些自己笃信的念头站得住脚，那就都是正当的。这样的信念越强烈，就越不容易被理性或证据推翻。

诡辩式思辨者特别善于使用错误的思维，使其对自己有利。公正的思辨者则始终致力于避免错误的思维。

参见"自我中心主义"（egocentricity）、"诡辩式思辨者"（sophistic critical thinkers）、"苏格拉底式思辨者"（Socratic critical thinkers）词条。

谬误的（fallacious）：指推理中包含错误的；论点有瑕疵或缺陷的；论点不符合良好推理规则（但看上去很合理）的；包含或基于谬误的；表面或含义有欺骗性的；有误导的；有迷惑性的。

参见"谬误"（fallacy）词条。

感觉（feeling）：某种情绪上的反应；有时与生理的感知相连。

感觉或情绪与思想有着紧密的联系。感觉会影响思想，思想也会影响感觉。二者之间的关系是相互的。因此，若我认为自己被冤枉了，我就会感到愤怒。自己被冤枉的想法越强烈，我的愤怒也会越强烈。

思辨者会使用思维控制自己的感觉。

参见"情绪"（emotion）、"人类心智"（human mind）、"情商"（emotional intelligence）词条。

-G-

全面的批判性思维（global critical thinking）：涉及人类的所有思想；一种多维的批判性思维方法，目的是以综合的方式进行思考——跨越不同学科，而非局限在学科内部；范围涵盖所有的思想领域，而非局限于某个单一思想领域。

不同于单维的批判性思维，全面的批判性思维针对的是跨越所有领域、专业和学科的思维。在本书以及在日常工作中，我们所说的批判性思维都是指全面的批判性思维。批判性思维的核心概念和工具（广义上包括推理要素、认知标准、认知品质）可用于解决人类任何历史时期、任何文化、任何学科中的任何问题。全面的批判性思维方法会把人类思想的共同特性考虑在内，即所有的人都会推理，推理有其不可或缺性，以及若能理解并时常分析和评判这些思想部分或要素，人们一般能达到更高的思想层次。

参见"单维的批判性思维"（one-dimensional critical thinking）、"批判性思维的形式和表现"（critical thinking forms and manifestations）、"批判性思维"（critical thinking）词条。

-H-

高阶学习（higher order learning）：通过探索某个事实、原则、概念或学科等背后的基础、理由、含义或价值来进行学习；这种学习的目的是获得深入理解。

如果我们进行深入学习，观念就会在头脑中扎根；如果我们只是肤浅地学习，比如仅仅为了考试而记忆信息，那过后这些东西就会被抛在脑后。学习时我们既可以遵从人类心智的理性倾向，也可以遵从其中的非理性倾向。我们可以以提升人类心智能力为目标进行学习，按照认知标准训练并指引自己的思想，也可以借助单纯的联想来学习。批判性思维的教学能够促成高阶学习，因为这种教学方式可以帮助学生积极思考，进而得出合理结论；可以帮助学生与同学和老师讨论自己的想法；可以使讨论者抱持多种不同的观点；可以使学生用自己的语言分析概念、理论和各种释义；可以积极质疑自己所学内容的意思和隐含义；可以将自己的所学与自己的经历进行对比；可以认真对待所读和所写的内容；可以解决不常见的问题；可以检视各种假设；可以收集并评判论据。如果能鼓励学生以各学科的思维方式学习相应学科或专业，比如按照历史的思维方式来学习历史，按照数学的思维方式来学习数学，那么就可以说他们是在进行高阶学习。

参见"对话式教学"（dialogical instruction）、"批判型社会"（critical society）、"知识"（knowledge）、"原则"（principle）、"思想领域"（domains of thought）、"低阶学习"（lower order learning）词条。

人类心智（human mind）：人类心智负责思考、感知、感受或表达意愿；是有意识和无意识思维的处所。

人类心智是一套系统化的能力的集合体，有感知的生物借此可以思考、感受和表达意愿。这些能力不断地相互作用。因此，人类心智既涉及认知层面（即思维的层面），也涉及情感层面（即感觉和欲望层面）。

近年来，人们进行了许多研究，试图理解人类心智的认知层面和情感层面之间的关系。但是，目前许多关于人类心智已知的内容还无法与大脑中确切的神经活动联系起来。比如，人类心智的一个天然机制是它的自私倾向，通过简单的观察我们就能以无数种方式证实这一点，但我们却无法把它与大脑的神经活动联系起来。简言之，我们对心智知之甚多，却对大脑知之甚少。

参见"情绪"（emotion）、"欲望"（desire）、"思考"（think）词条。

人类本性（human nature）：人类普遍的特质、本能、天生倾向和能力。

人既有主要本性，也有第二本性。我们的主要本性是自发的、以自我为中心的，会不自觉地形成非理性信念，这是我们本能思维的基础。

人会相信自己愿意相信的东西，不需要经过任何训练：相信符合自己切身利益的东西；相信能维持个人舒适和正义感的东西；相信能减少自己矛盾感的东西；相信能证明自己正确的东西。人不需要专门的训练，就会相信身边人相信的东西：父母和朋友相信的东西；宗教和学校权威教给他们的东西；媒体经常重复的东西；所属民族和文化普遍相信的东西。人不需要任何训练，就会认为不同意自己的人都是错的或是认为对方可能带有成见。人不需要任何训练，就会假设自己最根本的信念是不证自明的，或者很容易用证据证实。人会自然地、自发地认同自己的信念。他们常常会把他人的异议视为对自己的人身攻击，由此导致的防御心理会影响他们理解和接受其他观点的能力。

相反，人需要广泛而系统的练习才能培养自己的第二本性，即做一个理性的人所需的内在能力。他们需要广泛而系统的实践，才会认识到自己存在某种容易形成非理性信念的倾向。他们需要广泛的实践，才会逐渐厌恶自己思想中前后矛盾的方面，才会热爱清晰的思维，才会热衷于追求理性和证据，才会公正地对待与自己观点不同的观点。人们需要广泛的实践，才会认识到生活中充满推论，才能发现自己并没有直接发现真理的路径，才能发现尽管自己内心强烈地认为自己是正确的，但其实自己很可能是错的。

参见"自我中心主义"（egocentricity）、"社会中心主义"（sociocentricity）、"理性的"（rational）、"理性自我"（rational self）、"认知品质"（intellectual virtues）词条。

-I-

观点（idea），或称概念、范畴（concept, category）：存在于大脑的知识或思想；基于对特例的了解而得出的某类事物在广义上的概念；一组事物。

相关术语：构想（conception），常等同于概念，具体指大脑中设想或想象的东西；思想（thought），指在推理或思考之时在大脑中浮现的任何观念，无论它们是否被表达出来；想法（notion），表示不明确的或尚未完整的意图；印象（impression），指某个外在刺激引起的模糊的观念。

思辨者努力让自己清晰地意识到自己在思考时使用了哪些观点，这些观点来自何处，以及这些观点有何优势和劣势。他们知道，所有的学科都是由关键观点或概念驱动的。他们知道，所有的思维都需要使用概念。他们努力找出所有的非理性观点，努力在使用词语（表达观点）时正确地选用词汇。

参见"概念"（concept）、"阐明"（clarify）、"逻辑"（logic）、"语言逻辑"（logic of language）词条。

身份认同（identification）：指一个人（往往无意识地）将自己与另一个人或群体的特质、特点或想法联系起来；发展出一种情感上的依赖，把与某个人或群体相关的事物视为自己的一部分。

身份认同是一种常见的防御机制，这种机制使个人的自我印象与他人的自我印象联系起来。这是一种社会中心主义的表现，为人类思想所固有，会让人在批判分析和评估周围人的观点前就接受了这些观点。当某人接受自己所属群体的观点时，他的自我形象和自我价值会得到提升。比如，如果自己支持的球队赢了，球迷内心会有胜利的喜悦；自己的孩子取得成功时，父母会有胜利的感觉；自己国家的军队胜利时，公民会感到心潮澎湃。

参见"防御机制"（defense mechanisms）、"社会中心主义"（sociocentricity）词条。

影响/暗示（implication/imply）：影响或结果是指基于某断言或事实推断出的其他断言或事实，代表了观点或事物之间的逻辑关系。暗示的意思是以间接的或以暗指的方式指示、提示、表明、透露、蕴含。言语含义是指以语言逻辑为基础，在讲话或交流中使用的词语所蕴含的观点、假设、看法或信念。

推理的影响或结果指的是由思维的某个层面推导出的内容，即我们的思维引导我们获得的内容。如果你对某人说你"爱"他／她，你其实在暗示你关心对方的生活。如果你做出一个承诺，你其实在暗示愿意遵守这个承诺。如果你将某个国家称为民主国家，你其实在暗示该国的政治力量主要由人民（而不是有权势的小群体）掌握。如果你自称女权主义者，你其实在暗示你支持女性和男性在政治、社会和经济上保持平等。我们常常观察他人是否言行合一，以此来检验此人是否值得信赖。"心口如一，言而有信"，这是批判性思维的一条重要原则（也是正直为人的重要原则）。

批判性思维最重要的技巧之一就是能够区分某个陈述或情境蕴含的实际含义以及人们不经意间从该陈述或情境推断出的东西。思辨者努力监控自己的推断，力争使其符合某情境所蕴含的真正意思。说话的时候，思辨者努力选用合适的词汇，以保证自己能合理地解释由此推断出的信息。因为他们知道，词语有其惯用的用法，会引发一定的推测和联想。

娴熟的推理者能够清晰地、准确地表述自己的推理所蕴含的意思，明白其可能带来的结果，会努力思考可能导致的积极或消极结果，还会预测是否会出现未曾预料的积极或消极影响。

不娴熟的推理者很少或者根本意识不到，站在某种立场或得出某个结论意味着什么以及可能导致什么后果，也无法清晰地、准确地说出可能的结果。他们只能描述自己最初对某事进行推理时头脑中已有的结果，可能是积极的或消极的，但是一般不能同时发现积极的和消极的结果，而且常常在自己的决定导致未曾预料的结果时感到惊讶。

参见"结果"（consequence）、"语言逻辑"（logic of language）、"推理的要素"（elements of reasoning）词条。

隐性的批判性思维（implicit critical thinking）：拥有这种思维方式的思考者意识不到自己是如何进行批判性思考的；这种批判性思维没有直接表现出来。

A
B
C
D
E
F
G
H
I
J
K
L
M
N
O
P
Q
R
S
T
U
V
W
X
Y
Z

每个人在思考时都会偶尔有一个技巧运用得很娴熟的时候，而且很多人都对开发自己的心智抱有强烈的兴趣。但是，很多人让自己的推理"好"或"更好"的努力都停留在隐性层面。当从隐性批判性思维上升到显性批判性思维时，我们才会有意识地注重直接掌控自己的思维，并将其提升到高质量的层次。使用批判性思维工具可以使自己的思维提升至意识层面，从而能够更好地分析、评估和改进自己的思维。

参见"显性的批判性思维"（explicit critical thinking）、"批判性思维的形式和表现"（critical thinking forms and manifestations）词条。

灌输（indoctrination）： 将（一般是）党派或教派的看法、观点或原则灌输给某人。"党派的"意味着表现出某种盲目的、偏见的或不合理的忠诚。"教派的"意味着：1）固守某种宗教信仰或囿于某种特质或范围；2）狭隘或顽固；洗脑。

灌输是学校教育中一个永恒的问题，因为学校一般都会教学生接受某些观点，而且是在不加思考、不加批判的情况下接受它们。对大多数孩子来说，这种情况在很小的时候就开始了。比如，美国的小学往往要求学生唱国歌，但是很少鼓励他们剖析这首歌的含义。同样，媒体的偏见也会导致灌输行为，比如当媒体只呈现一面之词，却表现出这似乎就是全部事实的时候；当媒体有时为了美化某一文化而做片面报道的时候；或者当媒体只报道某些内容以迎合既有的社会政治偏见和歧视的时候。灌输是一种洗脑宣传，是批判性思维的对立面，会妨碍批判型社会的建立。

参见"社会化"（socialization）、"训练"（training）、"教育"（education）、"批判型社会"（critical society）词条。

惰性信息（inert information）： 我们所说的惰性信息指头脑中虽然记住了却没有理解，因此无法派上用场的信息。

我们在学校"学习"的很多东西都是惰性信息。比如，很多人在上学的时候吸收了大量关于民主的信息，这些信息使他们相信自己理解民主这个概念。但是，他们内化的很多信息往往只是头脑中空洞的套话。比如，很多学生在学校里都学过"民主指的是民选、民治、民享的政府"。这句套话印在他们的头脑中，让他们认为自己理解这句话的意思。但是，大多数人并没有将这句话转化为任何具体的标准，即用以衡量某个国家在多大程度上是民主国家的标准。确切地说，大多数的人都无法清晰明了地回答以下任何一个问题：

- 民选的政府和民享的政府有何区别？
- 民享的政府和民治的政府有何区别？
- 民治的政府和民选的政府有何区别？
- "人民"究竟是什么意思？

学生往往不会充分思考自己所学的内容，因此也无法将所学的内容转化为头脑中有意义的内容。人的头脑中"拥有"很多信息，但那些东西充其量只是空话（即头脑中的惰性信息或死信息）。思辨者会尽量找出惰性信息，然后通过分析将其转化为有意义的信息，以此来清除头脑中的惰性信息。

参见"主动谬识"（activated ignorance）、"主动真知"（activated knowledge）词条。

推论（infer/inference）：推论是心智的一个步骤，是一种智力上的行为，我们可以借助推论得出，由于甲是如此或貌似如此，所以乙也会如此；推论意味着根据已知事实或证据进行推理，做出某个决定或得出某种看法。

人不停地做出推论，因为我们了解每件事时，其过程都会包含推论。比如，如果你拿着刀走向我，我很可能会由此推论你想伤害我。推论可能符合逻辑，也可能不合逻辑；可能正当，也可能不正当。但是，即便推论不合逻辑又不正当，它们通常仍然可能被大脑视为"正确的思考方式"。事实的确如此，因为大多数人都很难将推论与自己的实际经历这样的原始数据分离开来。他们意识不到自己在不停地做推论。此外，他们并不知道，推论的基础除了信息还有假设（而假设往往位于思维的无意识层面）。

思辨者会注意自己的推论，知道自己做出的某个推论也许站得住脚，也许站不住脚。他们能将信息与推论分离开来。

娴熟的推理者对自己所做的推论非常清楚；能够清晰地表述自己的推论；所做的推论一般来自已知的证据或理由；推论往往是深刻的而非肤浅的；做出的推论或得出的结论往往是合理的、前后一致的；能够理解自己根据哪些假设做出了推论。

不娴熟的推理者不清楚自己做了哪些推论；不能清晰地表述自己的推论；所做的推论往往不是来自已知的证据或理由；推论往往是肤浅的；做出的推论或得出的结论往往是不合理的、互相矛盾的；一般不会去弄清自己根据哪些假设做出了推论。

参见"推断"（conclude）、"影响／暗示"（implication/imply）、"假定"（assume）、"假设"（assumption）、"推理的要素"（elements of reasoning）词条。

信息（information）：借助阅读、观察和传言收集的陈述、统计资料、数据、事实、图表。

我们所说的"在推理中使用信息"指的是使用一系列事实、数据或经验来支撑我们的结论。信息本身无所谓有效或准确。推理中使用的信息可能准确，也可能不准确；可能相关，也可能不相关。信息可能被公正地呈现出来，也可能遭到曲解，影响信息应有的分量或价值。我们总是根据自己的假设来阐释信息。

面对他人的推理，我们往往可以问："你的推理基于什么事实或信息？"推理的信息基础通常很重要，往往也很关键。比如，决定是否支持死刑时，我们需要有事实性的信息。若支持"死刑不合理"这一观点，我们可能需要如下信息：

- "自从 1976 年美国最高法院恢复死刑以来，每处决七个囚犯，就会有一个待处决的囚犯在查明真相后被无罪释放。"
- "从 1963 年至今，至少有 381 起故意杀人罪被推翻，因为起诉人隐藏了指向无罪的证据，或者故意呈上伪证。"

- "美国审计总署的一项研究发现，死刑判决中存在种族歧视……白人杀人犯比黑人杀人犯被判处死刑的可能性大得多。"
- "从 1984 年至今，已有 34 名精神障碍人士被判处死刑。"[7]

娴熟的推理者在认可某个说法之前会确保他们已经掌握足够的证据来支撑这一说法；能够清晰地表述并评价说法背后的信息；能主动寻找信息来推翻（而不仅仅是支持）自己的立场；注重与之相关的信息，排除不相关信息；得出结论有数据和合理推理做支撑；能清晰地、公正地陈述自己的证据。

不娴熟的推理者也会认可某些说法，但不会考虑与之相关的所有信息；不能清晰地表述自己在推理过程中使用的信息，因此也不会对信息进行理性的审视；只会收集能支持自己观点的信息；不会仔细区分相关信息和无关信息；所做的推断会超出数据所能支持的范围；会曲解数据或不准确地陈述数据。

参见 "实证的"（empirical）、"事实"（fact）、"推论"（infer/inference）、"假定"（assume）、"假设"（assumption）、"推理的要素"（elements of reasoning）词条。

洞察力（insight）：一种能清晰地、深入地看透事情内在本质或深层事实的能力；内心敏锐的识别力。

批判性思维的一个主要目的就是通过深入洞察来获取知识，并实现理解。深入思考一个主题可以带来洞察力，因为在深入思考的过程中，人会整合自身所学，将某一主题与其他主题关联起来，并将所有主题与个人经验关联起来。

培养洞察力应该是学校课程和课堂所要实现的一个主要目标。

参见 "教育"（education）、"对话式教学"（dialogical instruction）、"高阶学习"（higher order learning）、"低阶学习"（lower order learning）、"说教式教学"（didactic instruction）词条。

---

7 《纽约时报》（1999 年 11 月 22 日）。

理解力 / 认知的 / 睿智的（intellect/intellectual/intelligent）："认知的"一般指需要理解力的，拥有或展示出很高程度的智力的。"理解力"意味着推理和理解的能力，或者感知事物关系和差异等的能力；可以指负责了解或理解的那部分心智；还可以指思维能力、强大的心智能力或者极高的智商。"睿智的"或"理解力"意味着拥有机敏的头脑，展示出聪慧、思维敏捷、见多识广、天生聪敏或者有智慧等特征。这些词一般都意味着从经验中学习或理解的能力，习得并持续掌握知识的能力，以及面对新情况快速并成功应对的能力。它们一般还意味着默认使用推理能力来解决问题，成功指导行为及做出明智判断的能力。

想要做出睿智的决策和明智的判断，娴熟的推理是核心，因此要培养理解力，必定要培养批判性思维。我们可以通过在具体情境中应用批判性思维的概念和原则来培养推理能力。可以说，理解力的培养和批判性思维技巧、能力和特质的培养在本质上其实是一回事。19世纪的杰出学者约翰·亨利·纽曼曾经详细阐释了培养理解力与培养批判性思维原则之间的关系。以下段落选自他的著作《大学的理想》：

……如果理智已受过训练并达到了其能力的至臻完善，如果理智能感知事物，并且能边感知边思考，如果理智已学会如何在大堆的事实和事件里掺进理性的弹力，那么这种理智就不会偏狭，不会排外，不会急躁，不会茫然，只会耐心克制，只会兼容并蓄，只会平静从容。因为这种理智能从每一个开端中预见结局，能从每一个结局中辨别出起始，能从每一次中断中掌握规律，能从每一次延误中把握好限度；因为它时刻不忘自己所处的位置，并知道如何从一点走向另一点。[8]

当然，有些人天生的智力水平就比别人高一些。但是，原始的智力需要（通过批判性思维）开发。而且，理智的原始力量常常被用来作恶，而不是行善，结果导致批判意识薄弱的批判性思维（即娴熟但不道德的思维）的形成。借助批判性思维的工具，我们可以主动培养理性，开发

8 译者注：译文选自《大学的理想》，约翰·亨利·纽曼著，徐辉、顾建新、何曙荣译（杭州：浙江教育出版社，2001年）。

认知能力，塑造批判意识强烈的批判性思维（娴熟且道德的思维）。

参见 "批判意识强烈的思辨者"（strong-sense critical thinkers）、"批判意识薄弱的思辨者"（weak-sense critical thinkers）词条。

认知自大（intellectual arrogance）：人类天生的自我中心主义的倾向，自以为知之甚多，认为自己的思考很少出错，认为不需要改进自己的思维，认为自己已经获得了真理。

人类思维发展的最大障碍之一就是拥有自我中心主义倾向，认为自己相信的东西都是真理。

思辨者能清晰地意识到人类思维中存在的这一问题，而且在思考之时尽力留意这个问题。他们努力培养认知谦逊的认知品质，尽最大可能避免自己的思维出现认知自大倾向，并努力削弱其影响。但他们知道，自己总会在某个时候出现这种倾向。

参见 "认知谦逊"（intellectual humility）、"认知特质"（intellectual traits）词条。

认知自主（intellectual autonomy）：独立地、理性地掌控自己的信念、价值观、假设和推断。

批判性思维的理想状态是学会独立思考，掌控自己的思考过程。认知自主并不是指任性、顽固或叛逆，而是指致力于以推理和证据为基础分析和评价信念，在该质疑的时候质疑，在该相信的时候相信，在该同意的时候同意。认知自主的反面是认知顺从。

参见 "认知品质"（intellectual virtues）词条。

认知礼仪（intellectual civility）：致力于认真对待他人，将他人视为思想者，视为平等的认知主体，对他们的观点给予尊重和充分的关注，即致力于说服而不是恫吓他人。

认知礼仪区别于认知无礼，后者在语言上攻击他人，无视他人，对他人的观点持刻板印象。认知礼仪并不仅仅是礼貌问题，而是来自一种

A B C D E F G H I J K L M N O P Q R S T U V W X Y Z

认识，即每个人都有权发表自己的观点，而且在此过程中有被以礼相待的权利。认知礼仪的反面就是认知无礼。

参见“认知品质”（intellectual virtues）词条。

认知构建（intellectual constructs）：大脑在思考时创造的一切认知产品。

批判性思维的所有表现，甚至思维本身的所有表现，最终都落脚于某个对象上或者说认知构建上。有的理论家试图将批判性思维限制在一个或几个可能的对象上。比如，批判性思维若基于形式逻辑，分析和/或评判的重点就会被限制于形式上的讨论。除此之外，有的理论家也将问题和决定视为批判性思维可能的对象。有些人将批判性思维等同于科学方法。在批判性思维最强有力的形式中，可供分析和评判的认知构建数不胜数，包括假设、概念、理论、原则、目的、疑问、报告、演讲、戏剧、艺术、工程规划、历史叙述、人类学转向、科学理论、（人类设计的）技术性的物体、意识形态、书籍、论文、诗歌、音乐、体育、烹饪……

认知勇气（intellectual courage）：愿意面对并公正地评判观念、信念或观点，即便自己对这些观念、信念或观点持消极态度；愿意批判性地分析自己极为重视的观点。

认知勇气来自这样一种认识，即我们认为危险的或荒谬的观念有时候是合理且正当的（可能部分被证实，也可能全部被证实），以及我们身边的人信奉的或灌输给我们的结论或信念有时候可能是错的或是误导性的。要想分清，我们就不能被动地、不加批判地接受自己“学到”的东西。此时，我们需要有认知勇气，因为在客观地看待事物时，我们必定可以在看似危险或荒谬的观念中发现一些道理，也会在自己所属社会群体的坚信观念中发现一些曲解或荒谬之处。在这些情况下，忠实于自己的思维是需要勇气的。审视自己钟爱的信念很难，而且不顺从某些信念往往还会带来严厉的惩罚，即便是在所谓的民主国家。认知勇气的反面是认知怯懦。

参见"认知品质"（intellectual virtues）词条。

认知好奇（intellectual curiosity）：想深入理解、弄懂某事，想提出并评判有用且合理的假设和解释，想学习，想找到答案的强烈愿望；也指爱钻研的。

人类天生就充满好奇，比如小孩子往往会不停地问问题。但是，这种天生的倾向在当今社会和学校教育中常常被打压。

人若不主动想学，就很难学得好，也难以获得知识。各级学校都应该鼓励认知好奇，鼓励学生提问并主动思考，运用自己的思维找到答案。否则，理解力就会变得"奄奄一息"，天生的好奇心就会被消磨殆尽，学生就会失去学习的动力。

认知好奇的反面是认知无感。

参见"认知品质"（intellectual virtues）词条。

认知自律（intellectual discipline）：一种思考的特质，根据认知标准来思考，具有认知严谨、细心、缜密和有意识控制等特征。

思想者若不自律，就意识不到自己思维中的问题，比如在没有足够证据的情况下得出结论，混淆不同的想法，忽视相关的证据等。要想成为一个有批判精神的人，认知自律是核心。思维只有具有自律性，才能集中精力思考手头的认知任务，找到并谨慎地衡量所需的证据，系统地分析和处理问题和疑问，让自己的思维符合清晰性、精确性、完整性和连贯性等认知标准。实现认知自律的过程是缓慢的、渐进的，而且唯一的方法就是勇于接受、认真投入。

参见"认知品质"（intellectual virtues）、"认知标准"（intellectual standards）词条。

认知共情（intellectual empathy）：认识到需要将自己想象成他人，从而真正地理解他人。

要发展出认知共情，我们必须认识到一个人类天生的倾向，即将自

A
B
C
D
E
F
G
H
I
J
K
L
M
N
O
P
Q
R
S
T
U
V
W
X
Y
Z

己的直接感受或长期信念视为真理。和认知共情紧密相关的是能够准确地重建他人的视角和推理过程，并根据他人的前提、假设和观点进行推理。这种特质还要求我们必须记住自己曾经犯错的场景；即便内心强烈地认为自己是对的，也要意识到自己随时可能被类似的场景欺骗。认知共情的反面是认知封闭。

参见"认知品质"（intellectual virtues）词条。

认知参与（intellectual engagement）：投入自己所有的注意力学习或理解某事。

要想深入学习，以及在学习过程中带有自己的洞察力，就需要在学习过程中让认知参与进来。但是，教和学的过程往往缺少这种认知参与。一旦如此，学生就会远离真正的学习，所学的内容只是肤浅的或暂时的。要实现认知参与，就需要理解如何才能深入学习，看到学习的价值，相信自己能够独立解决问题。归根到底，认知参与意味着要有能够理性且合理地思考各学科专业有力的观点的能力。

认知谦逊（intellectual humility）：意识到自己的知识局限，包括敏感地意识到自己天生的自我中心倾向在何种情况下会进行自我欺骗，敏感地识别自己视角中的偏见、成见和局限。

认知谦逊的基础是认识到人类应该做到知之为知之，不能强不知以为知。认知谦逊并不是指没有骨气或唯命是从，而是指不要在认知上狂妄、吹嘘或自满，同时深刻认识自己所持的信念在逻辑上的优势或劣势。认知谦逊的反面是认知自大。

参见"认知品质"（intellectual virtues）词条。

认知正直（intellectual integrity）：认识到自己要忠实地面对自己的思维，所使用的认知标准要前后一致，要用同样严格的标准审视自己和对手的证据和证明，要求别人做的事自己也要做到，同时要诚实地承认自己的思维和行为中自相矛盾和不一致的地方。

　　要培养这一品质，需要有一个相互支持的氛围，因为人们在感受到足够的自由和安全后，才会诚实地吐露自己的前后矛盾之处，进而找到并分享改进这些问题的切实办法。要做到这一点，人们还要切实地认识到实现这种前后一致要面临的诸多困难。认知正直的反面是认知虚伪。

　　参见"认知品质"（intellectual virtues）词条。

认知毅力（intellectual perseverance）：面对困难、阻碍和挫折，依然愿意并且觉得有必要追求认知洞见和真理；面对别人不理性的反对，依然坚守理性原则；认识到为了能够看懂、看透，有必要与困惑和悬而未决的问题展开长期斗争。

　　如果老师和其他人一直给学生提供"答案"，而不是鼓励他们主动提出问题，并借推理之力解答这些问题，那么认知毅力这种品质会遭到损害。如果老师用公式和运算规则这样的捷径取代了审慎、独立思考的过程，那么这种品质也会遭到损害。如果背诵取代了深度学习，那么这种品质同样会遭到损害。认知毅力的反面是认知懒散或懒惰。

　　参见"认知品质"（intellectual virtues）词条。

认知责任感（intellectual responsibility）：认为自己有义务履行认知上的责任，认为自己应力所能及地培养自己的心智。

　　认知上有责任感的人明白，所有人都应该让自己推理的可靠性达到一个高水平，还应该竭力为自己的观点充分收集证据。认知上有责任感的人终生都会努力培养心智，不断向理性的理想状态靠近。

　　参见"认知品质"（intellectual virtues）词条。

认知正义感（intellectual sense of justice）：愿意以宽广胸怀接纳所有观点，并在评估这些观点时不掺杂个人、朋友、群体或国家的感情或既得利益。

　　认知正义感与认知正直和公平公正有着紧密的联系。

　　参见"认知品质"（intellectual virtues）、"认知正直"（intellectual

A
B
C
D
E
F
G
H
I
J
K
L
M
N
O
P
Q
R
S
T
U
V
W
X
Y
Z

integrity）、"公平公正"（fair-mindedness）词条。

认知标准（intellectual standards）：进行高水平推理，做出合理判断所需的标准或准则。要形成知识（而不是不合理的信念），达成理解，进行合理且符合逻辑的思考，认知标准必不可少。

认知标准是批判性思维的基础。一些核心的认知标准包括清晰性、准确性、相关性、精确性、宽广性、深刻性、逻辑性、重要性、一致性、公平性、完整性，以及合理性。人类思想的每个领域和学科都是以认知标准为前提的。

要想开发自己的思维和用这些标准训练自己的思维，我们需要定期练习，长期培养。当然，是否符合标准是相对的，在不同的思想领域，其要求也有所不同。比如，做数学题时的精确和创作诗歌、描述经历、解释历史事件时的精确是不同的。

我们可以将认知标准大致分为两类：微观认知标准和宏观认知标准。微观认知标准针对的是评估认知的具体方面，比如：思维是否清晰？信息是否相关？目的是否一致？虽然这些标准也是娴熟的推理必不可少的，但是达到一两个微观标准并不一定等于完成了相关的认知任务。事实的确如此，因为思维可能清晰，内容却不相关；内容可能相关，但却不精确；内容可能精确，但却不充分，诸如此类。我们需要进行的思考若是单一逻辑的（即关注的问题已有既定的解决流程），那微观认知标准可能就够了。但是，要想在复合逻辑的问题上进行更好的推理（即关注的问题或议题需要我们从多个相互对立的视角进行思考），就不仅需要微观认知标准，还需要宏观认知标准。宏观认知标准在范围上更广，能使我们综合运用微观标准，并扩展我们在认知上的理解。比如，思考一个复杂问题时，我们的思维就要做到合理或可靠（换言之，要符合更多的认知标准）。思维若要合理或可靠，最低标准就是要清晰、准确和相关。此外，如果多个视角都与某个问题有关，我们还需要进行比较、对比、综合多个相关视角，然后才能就该问题选取一个立场。因此，使用宏观认知标准（如合理性、可靠性）可以使我们的推理变得更有深度、广度，以实现思维融合。

参见"评价"（evaluation）、"准确的"（accurate）、"阐明"（clarify）、"一致性"（consistency）、"公正的"（fair）、"符合逻辑的"（logical）、"精确性"（precision）、"合理的"（reasonable）、"相关的"（relevant）词条。

认知特质 / 品性 / 品质（intellectual traits/dispositions/virtues）：做出正确的行为和思考所需的心智和性格上的特性；公正和理性所需的在心智和性格上的特征。这些品质能够把思维狭隘的、自私的思辨者与思想开明的、寻求真理的思辨者区分开来。

认知特质包括但不限于认知正义感、认知毅力、认知正直、认知谦逊、认知共情、认知勇气、认知好奇、认知自律、（认知）信赖推理和认知自主。

批判意识强烈的思辨者的重要特征是能内化并秉持这些认知特质。当然，每个人在日常生活中坚持这些特质的程度是不同的，在现实生活中没有人能够达到理想化的思辨者的程度。

认知特质是互相依存的关系。每种特质都必须与其他特质相互作用才能得到充分的发展。培养这些特质唯有常年坚持练习这一条道路。我们无法把它们从外界直接塞进大脑里，只有在他人的鼓励之下，在例子中进行学习才能逐步培养这些特质。

参见前文列举的各项"认知特质"（intellectual traits）。

阐释（interpret/interpretation）：给出自己的理解；赋予意义；置身于自己的经历、视角、观点或哲学语境中。

阐释与事实、证据或情境有明显的区别。比如，我可以将某人的沉默阐释为其在表达敌意。这种阐释可能正确，也可能不正确。思辨者能认识到自己的阐释，能将其与信息或证据区分开来，会考虑多种可能的阐释，也会在新证据出现时反思自己的阐释。

所有的学习都意味着存在个人阐释，因为无论我们学习什么，都必须将其纳入自己的思考和行动中。我们必须为自己所学的东西赋予意

A
B
C
D
E
F
G
H
I
J
K
L
M
N
O
P
Q
R
S
T
U
V
W
X
Y
Z

义，这些东西对我们而言必须是有意义的，因此其中必定涉及我们的阐释行为。

参见"推论"（infer/inference）词条。

直觉（intuition）：不需要借助有意识的推理就认为某事为真的感觉；直接的领悟或理解；一种灵敏、快速的洞察力。

有时我们知道或了解某事，却没有意识到自己是如何做到这一点的。出现这种情况时，我们内心深处会感到自己的信念是真的。有时，我们的想法是正确的（即我们确实体验到了直觉）。但有时我们的想法是错（我们沦为了个人成见的牺牲品）。思辨者明白，直觉很容易和成见相混淆。他们有时会追随自己内心的感受，但是同时会秉持认知谦逊的合理态度。

直觉的另一层意义对批判性思维也很重要，该意义在下面这个句子中可窥一二："要培养批判性思维的能力，必须培养批判性思维的直觉。"直觉在这里指我们可以在不同深度上学习一些概念。如果我们只学了某个词的抽象定义，却没有学习如何在更广泛、多样的情景中使用它，那我们最终也没有什么直觉基础来应用这个词，比如我们不知道如何、何时以及为何应用它。在这种情况下，我们只获得了惰性信息，别无其他。我们希望内化批判性思维的概念（包括所有其他强有力的概念），这样我们才能在各种情境下自如地应用这些概念。我们希望使批判性思维成为自己的一种"直觉"，在日常思维和经历中随时能直接应用。

参见"成见"（prejudice）、"惰性信息"（inert information）词条。

非理性的／非合理性（irrational/irrationality）：缺乏推理能力的；与理性或逻辑相悖的；不理智的、不合理的、荒谬的。

人类既是理性的，也是非理性的。我们内心有一种自我中心主义和社会中心主义的倾向，因此常常做出各种不合逻辑的事（虽然当时它们貌似完全合理）。我们在任何场景下都不会自动感知何为合理。我们的思考及行为的合理性取决于我们的理性能力发展到何种程度，取决于我们能在多大程度上超越自己天生的成见和偏见，超越自己狭隘和自私的视角，从而能够在不同场景下理解何种行为、何种信念是最合理的。思辨者对自己的非理性倾向保持警惕，努力成为理性、公正的人。

参见"自我中心主义"（egocentricity）、"社会中心主义"（sociocentricity）、"原因 / 理性"（reason）、"合理性"（rationality）、"逻辑"（logic）词条。

非理性情绪（irrational emotions）：基于不合理信念的情绪。

情绪是人类生活中一个天然的组成部分。非理性情绪折射出非理性信念，也体现了对情境的非理性反应。当天生的自我中心倾向导致我们做出无益的、不合理的行为时，或者当我们（不合理的）心愿未遂时，非理性情绪就会产生。思辨者会坚持努力削弱非理性情绪对自己生活的影响。

参见"理性情绪"（rational emotions）、"情绪"（emotion）、"情商"（emotional intelligence）、"人类心智"（human mind）词条。

非理性学习（irrational learning）：这种学习会导致不合理信念的产生。

只有先认可理性，才会有理性的学习。但是，我们日常所学有很多都是极其非理性的。换言之，我们常常会出于非理性的原因而相信某事，比如我们会因为身边的人都相信某事而去相信，因为信了就有好处，因为不敢不信，因为这符合我们的既得利益，因为信了让我们更舒服，因为我们的自我中心主义倾向要求我们维持这样的信念。在这样的情况下，我们的信念会缺乏理性基础，缺乏合理的推理和证据，缺乏理性之人所依赖的基础。相反，若我们的信念和行为基于合理的推理和证据，若我们能识别并批判自己非理性的方面，不因不合理的推理或非理性的动机、恐惧和欲望产生动摇，能培养起对清晰、准确和公正的热爱，那我们就可以做到理性地看问题。一个理性的、受过良好教育的、有批判精神的人能将上述技巧、热情和品性融入自己的行为和思考中。

参见"低阶学习"（lower order learning）、"知识"（knowledge）、"说教式教学"（didactic instruction）、"教育"（education）、"高阶学习"（higher order learning）词条。

-J-

判断（judgment）：做评判或做决定的行为；根据当前所呈现出的情况，形成一种观点、推测、想法或结论；在斟酌或深思熟虑之后形成的观点；理解力和判断力；基于相关证据做出合理决定或得出合理结论的能力。

我们形成某种信念或观点，或做出某种决定或行为，都是以某些显性或隐性的判断为基础的。思考之前，我们需要先判断是非曲直。人若能基于相关证据做出决定，能合理、公正地思考问题的复杂之处，我们就会说他们有很好的判断力。所谓培养批判性思维能力，就是培养良好的判断力，养成在推理、证据、逻辑和理智的基础上做决定的习惯。

参见"理性判断"（reasoned judgment）、"推断"（conclude）、"推论"（infer/inference）词条。

证明/辩护（justify/justification）：表明某事是正当的、正确的，是符合理性和有证据支撑的；捍卫或支持某事是正当的、有依据的。

教育应该培养学生的推理能力。为此，学生和老师都需要形成一种习惯，即对于信念、观点、行为和政策，我们都应要求对方给出正当理由，自己也要给出合理的解释。要求给出合理的解释不应被视为一种侮辱或挑衅，而是理性之人的一种正常行为，也是教学的一个正常组成部分。

我们应该注意，合理化常常伪装成正当理由。所谓合理化，是指表面上看似合理，但是一旦细究就会发现，这只是为自己的行为所找的错误理由。

参见"合理化"（rationalization）、"合理的"（reasonable）词条。

-K-

知识（knowledge）：对某事清晰而合理的理解；通过人类的经验和思考所获得的事实和原则等。

　　知识以思考、学习或经验为基础。不经过思考是无法获得深层知识的。我们对于知识总是有错误的认识，即认为知识可以和思考相剥离，认为一个人可以把收集到的知识传授给他人，而他人可以通过背诵一些句子获得这些知识。但是，思考才能产生知识，我们需要通过思考来分析知识，理解知识，对知识进行组织、评价、保持和转化。严格来说，我们只有通过思考来对知识进行理解和证明，才能获得深层知识。知识不应与信念混淆，人类常常轻信错误之事，或者在未经了解的情况下就相信某事。书本上的知识是死的，这些知识只有经过反复思考才算数，也只有经过这个过程才能获得知识。

　　因此，"未经思考的知识"是一个悖论，"难以理解的知识"是一个悖论，"毫无道理的知识"也是一个悖论。知识意味着有正当的信念或娴熟的行动。因此，让学生死记硬背然后进行测试，测的并非他们是否掌握了某些知识，而是测他们是否记住了某些惰性信息。混淆知识和记忆是阻碍批判性思维的培养的一个痼疾。我们的目标不是在学生的大脑中堆积惰性信息，而是培养主动真知。此外，我们希望学生能够清晰地区分信息和知识，因为前者可能是不准确的，而后者在本质上一定是正确的。

　　参见"教育"（education）、"主动真知"（activated knowledge）、"惰性信息"（inert information）词条。

A
B
C
D
E
F
G
H
I
J
K
L
M
N
O
P
Q
R
S
T
U
V
W
X
Y
Z

-L-

逻辑（logic）：正确的推理；研究正确推理及其基础的学问；某个学科、活动或行为背后的原则、概念和假设构成的体系（比如物理学的逻辑）；为证明某个信念或一系列信念的真实性或合理性所做的理性思考（比如宗教信仰的逻辑）；为回答某个问题或一组问题所做的理性思考（比如问题逻辑）；一系列物体、个体、原则或事件的要素之间的关系，要素和整体之间的关系（比如内燃机的逻辑）；命题之间的关系（如"支持""假设""暗含""矛盾""驳斥""与……有关"等词语背后蕴含的关系）。

逻辑包括一系列相关要点，所有这些要点都是为了理解其中的相互关系，或者意义系统。我们说尝试理解某事的逻辑时，其实是指根据部分理解整体，同时根据整体理解部分。人类所有的思考和行为都有符合逻辑的一面，因为我们会尝试理解某个事物与其他事物之间的关系，理解某个概念与其他概念之间的关系。换言之，人类会本能地尝试在连贯的系统而不是孤立的部分之中理解事物。比如，我们会区分相关事物和不相关事物；会思考什么能支撑自己的信念，而什么会与自己的信念相悖；会思考哪些假设合理，哪些假设不合理；会思考能主张什么，不能主张什么；会思考我们知道什么，不知道什么；会思考暗示了什么，没有暗示什么；会思考哪些相互矛盾，哪些没有；会思考我们应该做什么，不应该做什么。

不过，尽管我们天生会用"有逻辑的"体系来看待事物，但是我们大脑中关于现实世界的任何逻辑都有可能是不连贯、不合逻辑的（即与现实不符），只是看似连贯且符合逻辑而已。原因之一是我们所使用的逻辑是隐性的、未经表达的、无意识的，因此往往也是未经分析和评估的。

所有的推理过程和思维领域都有其清晰易懂的逻辑。概念有逻辑，因为我们可以调查某个概念在多大程度上适用于某个情景，可以分析哪些事物与该概念有关，哪些不相关，可以思考该概念暗含的意思等。问题有逻辑，因为我们可以调查在哪些情况下我们可以或应该解决某个问题。学科有逻辑，因为每个学科都有其目的，都有一套与这些目的有关的逻辑结构，包括假设、概念、问题、信息、理论、影响、结果等。

逻辑也常被用作认知标准。此时，它有一个相对狭隘的含义，即一致性；它也有一个相对宽泛的含义，即合理性。狭义的逻辑是指可以直接推导出某事或某事直接相关（比如"这些段落的大意在逻辑上相关或一致""这是一个逻辑推理，或者这个推理是根据上下文中的信息得出的"等）。作为认知标准的广义用法，逻辑是指合理、理性或可靠，常用于应对复杂议题（比如"这个观点符合逻辑吗？""这种行为方式符合逻辑吗？"等）。

逻辑是批判性思维的一个根本概念，我们要接受它的多种用法，这点很重要。

参见"学科逻辑"（logic of a discipline）、"语言逻辑"（logic of language）、"问题逻辑"（logic of questions）、"符合逻辑的"（logical）、"推理的要素"（elements of reasoning）词条。

学科逻辑（logic of a discipline）：指每个专业或学科都有一套意义系统，所有的意义都整合在一起，以一种连贯、活跃的逻辑方式进行互动；每一学科蕴含的推理要素中就有该学科最基本的逻辑，包括目的和目标、议题和问题、信息和证据、概念和理论、假设和视角、推断和阐释、含义和结果。

虽然所有学生都会学习不同学科，但是大多数学生从未学过这些学科的逻辑。这会严重限制他们的各种能力，包括从整体上把握学科的能力，在学科内独立思考的能力，将某一学科与其他学科进行比较和对比的能力，以及将学科应用于课程作业之外的情境的能力。要学会某个学科的逻辑，学生需要在学习该学科时找到其基本术语，然后将这些术语翻译成自己能够理解的类比或通俗语言。他们还需要区分这些术语的专业用法和普通用法，需要寻找该学科的基本假设。

不幸的是，很少有人采用这种学习方法。学生们不是将某个学科理

A
B
C
D
E
F
G
H
I
J
K
L
M
N
O
P
Q
R
S
T
U
V
W
X
Y
Z

解为一个概念体系，其中的每个概念都可帮助理解其他概念，而是把知识当成碎片，就像装在包里的塑料子弹一样。要想根据某个学科的逻辑进行思考，学生们需要养成思考的习惯，思考某个观点能否支持其他观点，能否推导出其他观点，能否衍生出其他观点，能否作为例子支撑其他观点，能否包含其他观点，或是否与其他观点相矛盾。他们需要学会通过思考来理解思考，换言之，就是学会通过思考来获得真知。训练批判性思维的目的是帮助学生学会厘清自己所学学科的逻辑，这可以使他们的学习具有宽度和广度，这是低阶学习和高阶学习的根本区别。

参见"知识"（knowledge）、"逻辑"（logic）、"推理的要素"（elements of reasoning）词条。

语言逻辑（logic of language）：指在规范的沟通中术语的固定用法和它们之间的相互关系。

若一门语言要存在并被不同文化背景的人有效使用，其中的词语必须要能超越具体文化的确切用法和明确概念，就像全世界很多不熟悉英国文化或北美文化的人都在学英语一样。思辨者能够精确而准确地使用自然语言，使其符合规范用法。

遗憾的是，很多人并不理解语言用法的准确性和思维的准确性之间的重要关系。对自己语言中众多词语的规范用法，很多人只有一个模糊的理解。如果被问到某些词语的意思，他们往往只能给出模棱两可或前后矛盾的回答。

学生在写作和说话时常常使用模糊的语句，因为他们几乎或完全没有根据什么理性标准来选择用词。写作时，头脑中蹦出什么词，他们就用什么词。他们需要经过学习，才会明白每种语言都有一套高度严密的逻辑，而学会这种逻辑才能准确地表达自我。他们还必须明白，即使意思相近的词语往往也会有不同的含义。比如，我们可以看看"解释"（explain）、"详述"（expound）、"阐述"（explicate）、"说明"（elucidate）、"阐释"（interpret）和"解读"（construe）的区别。

解释是指把不理解或未知的事变得清楚或可理解。

详述是指进行系统、详尽的解释，往往是专业人士的解释。

阐述是指进行详细的学术分析。

说明是指通过清晰而具体的例证或解释使某事明了。

阐释是指将直接可见的含义提取出来。

解读是指对含义模糊的事进行诠释。

参见"阐明"（clarify）、"概念"（concept）、"自然语言"（natural languages）词条。

问题逻辑（logic of questions）：回答某个或某组问题时需进行的理性考量。

思维是由问题驱动的。无论在何种情况下，待解决的问题都为我们指明了要回答问题所必须完成的认知任务。思辨者善于分析问题，明白某个问题究竟问的是什么，以及如何才能合理地解决这个问题。应对复杂议题时，他们会清晰而准确地针对核心议题提出一系列问题。他们知道，不同类型的问题往往需要不同的思维模式、不同的考量，以及不同的流程和技巧。没有思辨能力的人往往会混淆不同的问题，思考某个议题时会关注不相关事宜而忽略其他相关事宜。他们常常将事实性或流程性问题与偏好类问题需要理性参与的判断类问题混为一谈。

问题可肤浅，也可深刻，可宽泛，也可狭隘。我们常常关注肤浅问题，却遗漏了重要问题。例如我们会关注"我能买得起这套衣服吗？"这样的肤浅问题，而忽略类似"这套衣服是用环保材料制成的吗？""再说了，我真的需要这套衣服，还是只是想要买回来？"这样的重要问题。

参见"问题"（question）、"事实或程序类问题"（questions of fact or procedure）、"偏好类问题"（questions of preference）、"判断类问题"（questions of judgment）词条。

符合逻辑的（logical）：根据逻辑原则进行推理的；合理的；符合预期的；基于先前或其他已知论述、事件或条件的；前后一致的。

该概念是核心认知标准之一，其用法有狭义的（如表示"前后一致的"），也有广义的（如表示"合理的"）。

为了达到这个认知标准，思辨者会习惯性地提出以下问题：这个结论符合逻辑吗？是否有更合理或更符合逻辑的阐释？基于已经掌握的数据，这是符合逻辑的推论吗？我们的立场合理吗？

参见"逻辑"（logic）、"语言逻辑"（logic of language）、"合理的"（reasonable）词条。

低阶学习（lower order learning）：通过机械记忆、联想和反复练习的方式来学习。

顾名思义，低阶学习指只靠联想或死记硬背来学习。这种学习对思辨几乎或完全没有任何用处，因为学习内容并未得到深刻理解。

不幸的是，低阶学习在当今的学校教育中极为普遍。比如，学生认为历史课上只会听到一些人名、时间、地点、事件和结果，只需要把这些记住，然后在考试的时候复述出来即可。数学则被理解为数字、符号和公式——用一堆很神秘的东西或自己不能理解的公式机械地处理一番，然后得出正确答案。文学往往被理解为读一些无聊的故事（通常极为陈旧），最重要的"学习"就是记住老师课上对这些故事的分析。

用这种方法教学，学生结束学业时只会记住一堆未经消化的碎片。为了应试，他们在短期记忆中塞入大量东西，但是多数考完就忘了，只有一些碎片留存下来。学生很少能够掌握所学学科的逻辑，很少能够将所学知识与自己的经历联系起来，很少能用已知观点或视角来批判其他观点或视角，很少会问"为什么会这样？这个和我已经知道的内容有什么关联？"，也很少会严谨、娴熟地质疑他人强塞给他们的观点。

总之，很少有学生能学会把学科视为相互关联的逻辑系统，也很少会把这些系统复制到自己的思维中，并与已知的知识相联系。

参见"说教式教学"（didactic instruction）、"教育"（education）、"单一逻辑问题"（monological problems）、"复合逻辑问题"（multilogical problems）、"高阶学习"（higher order learning）词条。

-M-

媒体偏见（media bias）：根据自己所服务文化的偏见和成见所做的新闻报道。

每个社会和文化都有自己独特的世界观，生活在该文化中的人能看到什么样的世界以及如何看待世界，都会受这种世界观的影响。新闻记者和权威人士为某一文化服务，他们所写的东西会反映这一文化的世界观（或者说他们这么做是为了"兜售"自己的"新闻内容"）。他们的首要目标是售卖自己的产品（报纸、电视新闻节目等），但是他们只能卖"受欢迎的"观点，即生活在该社会和文化中的人愿意倾听的观点。

此外，世界各地的新闻机构所使用的媒体逻辑（即他们"说服"大众、操控大众的伎俩）越来越复杂。借助这套逻辑，他们可以为自己创造的新闻罩上一层公正的、可信的光环。这种"偏颇的"信息并非"阴谋"或"密谋"。记者和新闻编辑本身就是某种文化（如德国、法国、墨西哥、北美等）的成员，他们的目标读者和主流人群通常具有相同的世界观，对历史有民族认同感、忠诚（往往是对宗教的忠诚）以及具有共同的信仰体系。因此，记者和新闻编辑会根据这种认同感和信仰来呈现新闻内容。

有批判精神的思考者能看穿媒体的偏见和洗脑宣传。为了获得更全面的报道，他们会阅读主流媒体之外的新闻，比如左派的、右派的或者其他文化的新闻报道。

参见"民族偏见"（national bias）词条。

元认知（metacognition）：指对个人思考和认知过程的认识和理解；对于思考的思考。

元认知这一术语主要应用于心理学，应用于对批判性思维的心理学研究，往往指能够理解自己思考过程中某些类型的问题，从而有效地解决这些问题，例如：

- 知道在何种情况下自己的注意力容易被分散，从而能够保持

A
B
C
D
E
F
G
H
I
J
K
L
M
N
O
P
Q
R
S
T
U
V
W
X
Y
Z

专注。

- 知道自己何时记忆力不太好，从而能够制定出自己的记忆方法和策略。

- 发展出"自我提问"的策略（比如"关于这个话题我已经知道了什么？我以前是如何解决类似问题的？"）。

倡导元认知的专家也鼓励人们使用某些策略改进自己的思维，比如下面这些方法：

- 实施某个任务时说出自己的思考过程。

- 将自己的思维和知识用图像的形式呈现（比如思维导图、流程图、语义网络）。

某些情形下，虽然上述策略及其他类似的策略也许可以有效地改善思维，但是这些只是批判性思维的一部分，而且是很小的一部分。比如，元认知这个术语在伦理上通常是中性的，而强有力的、整体的批判性思维则强调在面对普遍性问题时应该从不同的视角思考。

参见"批判性思维"（critical thinking）词条。

单一逻辑问题（monological problems）：单一维度的问题，从单一视角出发或使用单一参考框架思考就可以解决的问题。

人们在生活中面临的很多问题本质上都是单一逻辑的，比如下面这些问题：1）10 个装满核桃的箱子重 410 磅，一个空箱子重 10 磅，核桃的重量是多少？2）我们每个月的收入以及每个月的平均开支分别是多少？

这种类型的问题使用单一参考框架就可以解决。这种框架有固定的认知步骤；只要完成正确的步骤，就可以找到"正确答案"，问题就可以解决。

尽管思考单一逻辑问题所用的技巧很重要，但人们面对的很多重要问题都是复合逻辑的，而非单一逻辑的。然而，现在学校教育过度强调单一逻辑问题。更糟糕的是，当今的教育实践常常将复合逻辑问题当成单一逻辑问题处理。学会思考复合逻辑问题所需的技巧和步骤至关重要，只有这样我们才能有效地思考日常生活和工作中的问题。

参见"单一逻辑思维"（monological thinking）、"复合逻辑问题"（multilogical problems）、"复合逻辑思维"（multilogical thinking）词条。

单一逻辑思维（monological thinking）：单一维度的思维，从单一视角出发或使用单一参考框架进行的思考。

这种思维可体现在以下问题中，比如：计算一双 67.49 美元的鞋子打七五折要花多少钱；确定签署某份合同时我所同意的义务；弄清肯尼迪当选总统是哪一年，诸如此类。无论某个问题是不是单一逻辑问题，人们都可能会以单一逻辑的思维去思考它。（比如，如果某人只从当时美国北方人的视角思考"是谁引发了美国内战?"这个问题，就是在用单一逻辑的方式思考一个复合逻辑问题。）批判意识强烈的思辨者在思考复合逻辑问题时会避免使用单一逻辑思维。此外，高阶学习往往需要复合逻辑思维，尽管问题可能是单一逻辑的（比如学习某个化学概念），因为学生必须思考并评估自己原本的观点，然后才能洞察新的观点。

参见"复合逻辑问题"（multilogical problems）、"单一逻辑问题"（monological problems）、"复合逻辑思维"（multilogical thinking）词条。

复合逻辑问题（multilogical problems）：多维度的问题，需要从多个视角出发或使用多个参考框架思考才可以解决。

习惯思考复合逻辑问题的人往往善于从多个视角进行思考，践行对话式思维和辩证式思维，具有认知共情能力，能在不同学科和领域间进行思考。生活中的很多问题本质上都是复合逻辑的，思考这些问题的视角往往是对立的。比如，思考生态问题往往有许多不同的维度——历史的、社会的、经济的、生物的、化学的、道德的和政治的。

参见"判断类问题"（questions of judgment）、"复合逻辑思维"（multilogical thinking）、"问题逻辑"（logic of questions）、"认知共情"（intellectual empathy）、"对话式教学"（dialogical instruction）、"单一逻辑问题"（monological problems）、"单一逻辑思维"（monological

A
B
C
D
E
F
G
H
I
J
K
L
M
N
O
P
Q
R
S
T
U
V
W
X
Y
Z

thinking）词条。

复合逻辑思维（multilogical thinking）： 一种带着同理心进入多个视角进行考量和思考的思维。

　　人类面临的大多数重要问题都需要复合逻辑思维，这些问题不是碎片式的，而是错综复杂地联系在一起。这些问题有时在概念上相当混乱，而且背后往往隐藏着重要的价值观。一旦这些问题需要通过实践证明，就可能会引起争议。应对复合逻辑问题时，人们对如何解读相关事实、如何判断这些事实是否重要往往持不同意见。这些问题若需要通过概念来思考，那人们对某些关键概念往往会有不同的理解。进行复合逻辑思考的能力对批判性思维至关重要。

　　参见"复合逻辑问题"（multilogical problems）、"判断类问题"（questions of judgment）、"单一逻辑问题"（monological problems）、"单一逻辑思维"（monological thinking）、"辩证思维"（dialectical thinking）、"对话式教学"（dialogical instruction）词条。

-N-

幼稚的思考者（naïve thinkers）： 这种思考者缺乏经验、判断力或信息；缺乏理解和推理能力；不够精明老练，缺乏批判性的判断力。

　　幼稚的思考者与（公正的或诡辩的）思辨者正好相反，前者缺乏批判推理的能力，很容易被操控。幼稚的思考者一般看不到培养推理能力的重要性，往往依赖他人替自己思考。他们很容易被媒体偏见和各种宣传所影响，一般会遵守社会的"规则"，却很少质疑那些规则（即便质疑，往往也只是在附和那些提出质疑的人）。他们还会盲目追随权威人物，只要不涉及自己的核心利益，他们对很多事都会是默许态度。

　　如果仔细观察历史我们就可能发现，社会上的大众一般都是幼稚的思考者。

参见"批判意识强烈的思辨者"（strong-sense critical thinkers）、"批判意识薄弱的思辨者"（weak-sense critical thinkers）、"认知自主"（intellectual autonomy）、"认知勇气"（intellectual courage）、"自我中心主义式的顺从"（egocentric submission）词条。

民族偏见（national bias）：偏向自己国家以及本国的信仰、传统、行为、形象和世界观；基于民族偏见而产生的不公正的行为和政策；由于偏向自己民族而无法做出公正的判断。

人们天生就会偏向自己所生长国家的信仰、传统、习俗和世界观，这种现象如果不是不可避免的，那也是极为自然的。这种偏向一般会变成一种偏见，即一种死板的社会中心主义倾向，这种偏见会严重扭曲一个人对自己国家以及整个世界的认识。民族偏见会表现为一种盲目支持自己国家政府的倾向；不加批判地接受政府对本国与他国争端本质的说法的倾向；不加批判地夸大自己国家的优点，同时拒绝承认"敌对"国的优点的倾向。

据观察，世界各国的新闻界和媒体报道都会表现出民族偏见。新闻事件的取舍都是根据本国的主流世界观进行价值判断的，事件报道出来必须要能支持这种世界观。尽管这些报道是根据某种世界观构建的，但却以中性的、客观的形象呈现。人们容易默认接受自己国家的优点，因此大众总是不加批判地接受这些报道。

不幸的是，学校也在宣扬民族偏见，即便所谓的民主社会也是如此（虽然这极具讽刺性）。为了成长为有责任心的、有批判性思维的公民和公正的个体，学生们需要去学着找出新闻报道和学校教材中的民族偏见，去扩大自己的视角，去超越不加批判的民族主义和爱国沙文主义。

参见"媒体偏见"（media bias）、"民族中心主义"（ethnocentricity）、"社会中心主义"（sociocentricity）、"偏见"（bias）、"成见"（prejudice）、"世界观"（world view）、"批判型社会"（critical society）、"对话式教学"（dialogical instruction）、"教育"（education）词条。

A
B
C
D
E
F
G
H
I
J
K
L
M
N
O
P
Q
R
S
T
U
V
W
X
Y
Z

自然语言（natural languages）：人们日常所使用的、用于处理日常事务的语言（与之相反的是用于实现某些特殊目的的专门语言）；这种语言经过几百甚至几千年的过程才慢慢形成，高度灵活，适应性强；与技术语言或专门语言相对。自然语言词汇的定义可在词典中查到。

一学会说话，儿童就开始用周围人所说的语言进行交流。我们一生中用于交流的词汇基本上都是这种普通的日常语言，英语、法语、阿拉伯语、日语等皆是如此。

相反，专门的技术语言是为达到特殊目的创造的，比如数学语言或形式逻辑语言。当然，所有学科和专业至少都有一些自己的术语，比如认知心理学使用的术语：自传体记忆、闪光灯记忆、语义记忆、间隔重复、双重编码理论、目击者记忆等；又比如工程领域使用的一些专业术语：计算机辅助设计、印刷电路板、样机、比例模型、压力测试、破坏性试验、纳米技术、机电一体化等。

从整体上看，批判性思维并非一套用于特定目的的专门语言。批判性思维相关的概念、术语和原则等都采用自然语言，应该理解为自然语言的产物，是自然语言不可分割的一部分。

当然，我们也应该认识到，很多（如果不是大多数的话）专门语言创造的认知构建有助于培养（跨学科的）批判性思维。例如，科学领域术语试验方法和控制试验；工程领域术语不合格产品，对这种产品的研究被称为"鉴识工程学"；人类学领域术语跨文化比较和体验式沉浸法，这些方法往往被称为"参与观察法"。

参见"概念"（concept）、"语言逻辑"（logic of language）词条。

-O-

单维的批判性思维（one-dimensional critical thinking）：在某一个领域、方面、专业、科目或学科的娴熟思维。

单维的批判性思维是指在人类生活的某个方面能做出很好的推理。

虽然这种批判性思维很有用，使思考者能更加深入、娴熟地关注人类思维的某个领域，但是思考者也可能因此无法认识到自己擅长的思维与其他形式的思维是一致的还是矛盾的。比如，一个人可能擅长技术思维，但是不擅长伦理思维。换言之，如果一个人在某个具体的技术领域的思维很成功，就可能错过或忽视其他重要视角。单维的批判性思维与全面的批判性思维相对。

参见"单一逻辑思维"（monological thinking）、"全面的批判性思维"（global critical thinking）、"批判性思维的形式和表现"（critical thinking forms and manifestations）词条。

意见（opinion）：指往往是尚待商榷的信念或判断；专业判断的正式表述。

这一术语有两种不同的用法：1）个人偏好（对此，个人不需要给出自己的推理）；2）理性判断（对此，个人不仅需要给出自己的推理，还需要接受他人对同一问题的不同看法）。换言之，完全没有经过论证的主观意见或个人偏好有别于理性判断，通过理性判断得出的观点需要基于审慎的推理。

参见"偏好类问题"（questions of preference）、"判断类问题"（questions of judgment）、"评价"（evaluation）、"判断"（judgment）、"证明"（justify）、"理性判断"（reasoned judgment）词条。

-P-

个人层面的矛盾（personal contradiction）：指一个人的言行不一致，或者使用双重标准，即用较低的标准来要求自己以及自己认同的人，同时用较高的标准来要求他人；一种虚伪的行为，一般通过自我欺骗来"证明"该行为的合理性。

每个人在某些时候都会有这样或那样的自我矛盾。和大多数的自我中心主义一样，自我矛盾一般都在潜意识层面作祟。人们只关注他人的自我矛盾，往往意识不到在认知和伦理上保持一致有多难。如果鼓励人们公开讨论自己的矛盾，大家一起努力减少自我矛盾的频率和力度，会更容易发现、分析和减少自我矛盾。然而，在大多数社会中，承认自我矛盾不会得到奖励，反而会受到惩罚。比如，若在职场承认自己思维上的矛盾，一般会被视为劣势，而非优势。

参见"自我中心主义"（egocentricity）、"认知正直"（intellectual integrity）、"批判型社会"（critical society）词条。

视角（perspective）：指能看到所有相关数据之间的逻辑联系，眼界宽广；能看到信息、数据和经验之间的意义关系；看待情境或话题的一种方式；一种思想观念或角度；主观的审视。

要注意，视角至少有两种不同的用法。第一种用法侧重指清晰地看到事物之间的关系，融会贯通，从而获得一种广阔的视野（比如人们会说，"她眼观八方，靠得住"，或者"她高瞻远瞩"）。第二种用法指的是某种具体的思想观念或逻辑，人们据此来看待各种情境和观点。

所有的思维都来自某种视角，来自一套相互关联的信念在思考者的大脑中形成的逻辑。从这一视角出发，经验和对新的情况的看法得以形成。我们常常以思考的角度命名，比如我们会从政治视角、科学视角、诗歌视角或哲学视角看待某事。我们看待某事的视角可能是保守的、自由的、宗教的或世俗的。我们可能单纯从文化视角，或者从经济和文化这两个视角同时出发看待某事。一旦理解了人们看待某个问题或话题的角度（即他人整体的视角），我们一般就能更好地把他人的思维逻辑作为有机整体来理解，从而能更好地理解他人的观点。

参见"角度"（point of view）、"世界观"（world view）词条。

角度（point of view）：看待某事时所处的具体位置；看待事情的心理立场；你所看到的事情以及你看待它们的方式。

人类的思维是相互关联的，也是有选择性的。我们不可能同时从所有角度理解某人、某事或某种现象。我们的目的决定了我们看待事情的方式。使用批判性思维分析和评价思维时必须考虑这一点。这并不是说人类的思维不可能做到真实和客观，而是指人类思维的真实性、客观性和洞察力都是有限的、片面的，而非全面的、绝对的。因此，我们若是从某种观点出发进行推理，思维就不可避免地有所侧重或取向。我们的思维总会从某种角度出发来关注某事。

我们看待问题的角度嵌在视角之中，但是"视角"（perspective）这一术语的用法更为广义。我们可能从"自由主义"的视角来看待某位总统竞选人，但我们采取的角度通常更加具体，比如看到这位竞选人违反了自由派的原则（这就是"看待"这位竞选人的视角以及由此"看到"的结果……）。

娴熟的思考者会时刻谨记不同的人有不同的角度，有争议的话题尤其如此；会如实陈述反方观点，并根据这些角度进行推理以便真正理解这些角度；会寻求不同的角度（对自己热衷的议题尤其如此）；会确保只有面对明确的单一逻辑问题时才会使用单一逻辑思维；能注意到自己何时可能有偏见；能从宽广的视角和多样的角度出发看待问题和事件。

未经训练的思考者不会重视其他合理的视角；不会从其他迥异的角度出发看待议题；无法以共情的方式从陌生的角度出发进行推理。有时如果某个事件没有激起自己强烈的情绪，这类思考者可以做到从不同视角看问题；如果情绪强烈，他们则无法从不同角度切入。他们会将复合逻辑问题与单一逻辑问题相混淆。对于某个复合逻辑问题，他们坚信只有一个参照框架，并从非常狭隘和肤浅的角度出发进行推理。

参见"视角"（perspective）、"世界观"（world view）、"推理的要素"（elements of reasoning）词条。

精确性（precision）：指具体的、确切的、详细的；准确的测量。

精确性是一个基本的认知标准，一般有两层含义：一是细节翔实，二是测量准确。

在日常推理中，思维可能是精确的，即详细的，但是不一定是准确的，即正确的。比如，你可能会说人平均每天需要 356,453.9876 卡路里的能量，这个说法在所需卡路里数量的表述上非常详细。但是，这个答案尽管详细（即精确的第一种含义），却不准确（即精确的第二种含义）。对数学测量而言，准确更为重要。

推理某个问题或议题时，如果需要有细节，那么详细意义上的精确性就很重要。具体所需的精确程度由相应的问题、议题或事件决定。

参见 "准确的"（accurate）、"认知标准"（intellectual standards）、"语言逻辑"（logic of language）词条。

成见（prejudice）：在不了解相关事实的情况下形成的正面或负面的判断、信念、看法或视角；拒绝面对证据、推理，罔顾与自己成见相左的事实。

人难免会有成见，有时会在还没掌握足够信息的情况下就进行判断。这种情况一般由两种原因导致：要么因为我们的思维太马虎，要么因为我们是依据自己的既得利益思考的。在第二种情况下，既得利益使我们将不好的思维视为好的、合理的。如此一来，我们就不必面对我们带有成见这个事实，因为这样做符合我们的利益。

成见在每个社会群体中都很常见，比如群体成员会认为自己优于"外人"（比如面对同性恋、少数群体、女性、男性等时的"暴民心理"）。

无批判性的思维或者自私的批判性思维常常以成见为基础。缺乏批判精神的思考者会对事件和人提前形成判断，因为他们常常接受自己未经审视的观点，并把这些观点视为"真理"。（比如，人们天真地认为自己国家的政府会遵守基本的伦理准则。）简言之，人类常常主动地从偏颇的视角看待世界，因为这样对自己有利，而且不需要考虑他人的权利和需求。

学校教育很少讨论成见本身以及成见的发生过程，因此学生很少能认识到人类思维普遍存在成见。他们很少能认识到，在日常生活中人们常常在掌握事实之前就已形成判断。很多教学活动无意中助长了这种倾向。比如，学校常常会让学生未掌握相关事实的情况下接受权威人士的观点，比如老师、官员、政府、教材作者等人的观点，这会让学生形成一种偏见，即权威人士的看法一定是"正确"的。

参见"自我中心主义"（egocentricity）、"社会中心主义"（sociocentricity）、"洞察力"（insight）、"知识"（knowledge）词条。

前提（premise）： 作为论辩基础的命题，或结论所依据的命题；推理的起点；假设。

所有的推理都是以某些前提为基础的，所谓前提即默认的命题。但是，这些前提往往不会表述出来。要验证某个推论背后的前提，我们可以这样问："你推论的前提似乎是每个人做每件事的时候都是自私的。你觉得这个前提是真的吗？"

参见"假设"（assumption）词条。

原则（principle）： 基本事实、规律、教条、价值观或承诺，是其他事件成立的基础；基本的概括，被认为是真理，可被视为推论或行为的基础；具有指导意义，能帮助理解正确行为的要求和义务。

原则是批判性思维的基础，是人类推理和行动的指南。批判性思维有三组核心的概念（推理的要素、认知标准和认知特质），只有把这些概念内化为思想和行动的原则，它们才能发挥作用。

此外，思辨者的决定和行为都是以原则，而不是规则或程序为基础的。换言之，批判性思维是原则性的，而不是程序化的。规则或者程序以原则为基础，比原则更加具体。它们往往是表层的、任意的、公式化的，因此不需要理解就可以遵守。原则必须先理解才能被合理地应用或理解，必须通过实践和应用才能得以内化。公正的思辨者对阐述、内化和遵守伦理原则尤其关注，并会用这些原则指引行为。

参见"概念"（concept）、"理论"（theory）、"判断"（judgment）词条。

难题（problem）： 难以理解或解决的问题、事由、情况或难以应对的人；提出供解决或讨论的问题。

难题可以分为多种类型，每种都有自己特殊的逻辑，我们需要理解这些逻辑才能解决相应的难题。解决难题的最佳方式是首先要清晰而精确地说出处于难题核心的问题。一旦确定了这些问题，相应的认知任务就确定了，相应的视角也就明了了。

参见"解决问题"（problem-solving）、"问题逻辑"（logic of questions）、"问题"（question）、"单一逻辑问题"（monological problems）、"复合逻辑问题"（multilogical problems）词条。

解决问题（problem-solving）：寻找解决方案的过程。

一旦某个问题无法以机械化或公式化的方式解决，就需要加入批判性思维进行思考。首先，我们需要确定问题的性质和维度，然后以此为基础，确定与解决方案相关的观点、角度、概念、理论、数据和推理。广泛练习独立解决问题的能力对培养批判性思维至关重要。走流程或遵循固定的步骤绝非解决问题的最佳方式。但是，很多"解决问题"的框架使用的恰恰是这种方式。比如，这些框架的第一步往往是陈述问题，但事实上在陈述问题之前往往还需要进行复杂的分析，包括考虑不同的观点，审视自己的假设，以多种方式表述问题，从而才能对相应的问题有清晰的理解。这些复杂的分析不可能依靠公式或程式有效地完成。

参见"难题"（problem）、"问题"（question）词条。

投射（projection）：指一个人将自己所思所想置于另一个人身上，一般是为了逃避愧疚等难以接受的想法或感觉。

投射是一种自我防御机制，人会使用这种机制来避免一些令人不快的现实（比如为自己的行为承担责任）。一位不爱自己丈夫的妻子可能控诉丈夫不爱自己（实际上丈夫很爱她），目的是无意识地应对自己在婚姻关系中的不忠诚。

我们应该避免将自己感到愧疚的动机或行为投射到其他动机和行为上。批判性思维的一个重要维度就是识别并克服各种形式的自我欺骗。

参见"防御机制"（defense mechanisms）词条。

证明（proof）：在接受合理质疑后可以证实某个结论为真，或可接受的有力而确切的证据或推论。

证明的过程因情况而异，取决于需要多么强有力的证据来证明某事，也取决于结论的重要程度或者这一结论会带来多大的影响。

参见"证据"（evidence）词条。

目的（purpose）：视野内的目标、归旨、终点、终结；人希望实现或获得的东西。

所有的推理都有目的。换言之，人类在思考时，不是盲目而为的，而是依据自己的目标、欲望、需求或价值观进行思考。即便是一些小事，我们在行动时也会以某些目标为导向。要理解某个人的思维——包括我们自己的——就必须理解该思维的功能、内容、指向以及这一思维最终要达成的目标。

将人类的目标和欲望提升到意识层面，这是批判性思维的重要组成部分。因此，思辨者会花时间清晰地表述自己的目的，将自己的目的与其他相关目的区分开来，并定期提醒自己检视自己的目的，以确认其是否与要实现的目标相偏离。此外，思辨者确立的目的或目标都是现实层面的。他们会选择重要的目的或目标，这些目的或目标之间是一致的。他们会根据自己的目标定期调整自己的思维。他们还会选择公正的目标（即平等地对待他人与自己的欲望和权利）。

相反，缺乏批判精神的思考者常常不清楚自己的中心目标。他们常常在不同的目标甚至互相矛盾的目标之间摇摆。此外，他们还常常偏离自己的基本目的或目标；常常定下不现实的目标；把无关紧要的目的或目标视为重要目的或目标；无意中否定自己的目标；思考过程中的目标常常前后不一致；不能根据自己的目标调整自己的思维；选定的目标只满足自己，却以牺牲别人的需求和欲望为代价。

参见"推理的要素"（elements of reasoning）词条。

A
B
C
D
E
F
G
H
I
J
K
L
M
N
O
P
Q
R
S
T
U
V
W
X
Y
Z

-Q-

问题（question）：可供讨论或询问的难题或事由；在学习或求知过程中所问之事。

人类天生就有目的性，而问题是实现目标的重要组成部分，（有望）指引我们进行思考并实现我们的目标。问题决定相应的认知任务，决定我们的思维方向。比如，问题会决定用以回答这个问题所需的信息，还能反映要解决的（需要进行推理的）议题背后的复杂因素。

因此，思辨者清楚自己需要解决什么问题；能用不同方式表述同一个问题；能将一个问题分解为多个小问题；能常规地区分不同类型的问题；能区分主要问题和次要问题；能区分相关问题和不相关问题；对自己提出的问题所包含的假设非常敏感；能区分自己能回答的问题和自己不能回答的问题。

相反，缺乏批判精神的思考者常常不清楚自己在问什么问题；只能模糊地表述问题；很难清晰而系统地描述问题；无法将问题细化；会混淆不同类型的问题；混淆主要问题和次要问题；混淆相关问题和不相关问题；问的问题背后往往暗含其他问题；试图回答自己无法回答的问题。

参见"问题逻辑"（logic of questions）、"事实或程序类问题"（questions of fact or procedure）、"判断类问题"（questions of judgment）、"偏好类问题"（questions of preference）、"推理的要素"（elements of reasoning）词条。

事实或程序类问题（questions of fact or procedure），或称**单一系统问题**（one-system questions）：这类问题有既定的、获得答案的步骤或方法。

一般而言，单一系统问题是有既定答案的，或者寻找答案的方法是有规程的。这种问题可以通过事实或定义解决，或通过这两者共同解决。这种问题在数学、物理和生物科学领域非常明显。就这种问题进行争论毫无意义。

例如：

- 铅的沸点是多少?
- 这个房间有多大?
- 这个方程式的微分形式是什么?
- 电脑的硬盘是如何运行的?
- 659 加 979 等于多少?
- 怎么能做出地道的土豆汤?

事实类问题应该和"判断类问题"(questions of judgment)及"偏好类问题"(questions of preference)对照着来理解(具体参见这两个术语)。

同时参见"问题"(question)、"单一逻辑问题"(monological problems)词条。

判断类问题(questions of judgment),或称多系统问题(multi-system questions):这类问题需要推理,但是有不止一个可论证的答案;这类问题需要从两个或更多视角进行推理。

判断类问题需要推理者从多个往往是互相对立的视角出发进行思考。论证这些问题可能带来或好或坏的答案(好的答案有充分的支持和论证,不好的答案没有得到很好的支持和论证)。这类问题值得人们辩论。对这些问题进行推论时,我们其实是在一系列可能的答案中寻找更好的答案。我们使用清晰性、准确性、相关性等普遍的认知标准来评价这些问题的不同答案。这些问题在历史、哲学、经济学、社会学和艺术等人文领域极为普遍,但在其他学科、课程和人类思想领域也能找到很多这种类型的问题。

例如:

- 我们如何才能以最佳方式解决本国面临的最根本、最重要的经济问题?
- 如何才能大幅减少瘾君子的人数?
- 如何平衡商业利益与环境保护?
- 人工流产是正当的吗?
- 税制该如何累进?

A
B
C
D
E
F
G
H
I
J
K
L
M
N
O
P
Q
R
S
T
U
V
W
X
Y
Z

- 心理学在多大程度上是科学？

在人类面临的重大难题中，大多数问题都是需要理性判断的。

人们常常把判断类问题和偏好类问题相混淆（偏好类问题只需要有主观的看法），或与事实类问题相混淆（事实类问题只需要找到正确答案）。

参见"复合逻辑问题"（multilogical problems）、"理性判断"（reasoned judgment）词条。

偏好类问题（questions of preference），或称**无系统问题**（no-system questions）：对于这类问题，人有多少种不同的偏好，就会有多少种答案（偏好取决于个人的主观品味）。

应对偏好类问题时，我们只是在寻求个人的主观看法。回答这些问题时，我们不需要用什么来"支撑"自己的推论。比如，回答"你最喜欢的冰激凌口味是什么？"这个问题时，你不需要解释为何喜欢巧克力口味而不喜欢奶油硬糖口味。

又如：

- 你更喜欢去山里度假还是去海边度假？
- 你喜欢留什么发型？
- 你喜欢看歌剧吗？
- 你最喜欢哪个棒球队？
- 装修房子时你更喜欢什么配色方案？

偏好类问题应与"事实或程序类问题"（questions of fact or procedure）以及"判断类问题"（questions of judgment）区分开来（请参见具体术语），我们不要将这些类型迥异的问题混为一谈。

-R-

理性的／合理性（rational/rationality）：由理性（而非情绪）引导的，

或与理性有关的；与逻辑一致或基于逻辑的；符合良好推理原则的、合乎情理的、表现出良好判断力的；一致的、符合逻辑的、相关的、可靠的。

在日常话语中，"理性的"或"合理性"至少有三种基本用法。第一种指一个人具有善于思考的一般能力。第二种指一个人具有使用自己的理性实现自己目的的能力（不管这些目的在伦理上是否站得住脚）。第三种指一个人坚持使自己的思考和行为方式在认知和伦理方面都力求公正。这三种用法对应三种不同的思辨者，即娴熟的思辨者、诡辩式思辨者和苏格拉底式思辨者。在第一种用法中，我们只关注到了思辨者使用技巧本身。在第二种用法中，我们注意到了谋求私利而使用技巧（正如古代的诡辩派那样）。在第三种用法中，我们强调为求公正而使用技巧（正如苏格拉底那样）。

批判意识强烈的思辨者注重培养自己使用技巧推理的能力，同时也尊重他人的权利和需求。他们在使用认知技巧时力求公正。

参见"原因 / 理性"（reason）、"逻辑"（logic）、"认知品质"（intellectual virtues）、"批判意识强烈的思辨者"（strong-sense critical thinkers）、"批判意识薄弱的思辨者"（weak-sense critical thinkers）、"非理性的"（irrational）词条。

理性情绪（rational emotions），或称**理性热情**（rational passions）：娴熟推理和批判性思维的感性层面。

情绪是人类生活的必要组成部分。只要进行推理，我们的想法就必然带有某种情绪。理性情绪是指与理性思考和行为相关的情绪。

R. S. 彼得斯[9]曾这样阐释理性热情的重要性：

比如，人们憎恨前后矛盾和表里不一，热爱清晰，憎恨混淆。没有这些情感，词语就难有相对固定的含义，难有可验证的规则，也难以表述归纳性内容。如果别人指出他说话含混不清、不连贯，甚至前后矛盾，若没有特殊原因，一个理性之人不可能愉悦地去扇

9　译者注：R. S. 彼得斯（R. S. Peters，1919—2011），英国哲学家。

A
B
C
D
E
F
G
H
I
J
K
L
M
N
O
P
Q
R
S
T
U
V
W
X
Y
Z

自己耳光，也不可能对此表现得漠不关心。

理性是武断的对立面。理性在发挥作用时需要合理的热情做支撑，而这些热情本身可能是负面的，比如对离题、诡辩法和武断指令的憎恨。如果过度武断一直持续下去，使人们的利益和权利受到侵犯，那么人们就会产生更强烈的情感——愤慨。这种情况也有其积极的一面，即可以激发人们对公正和公平的渴望……

一个做好推理准备的人必定会强烈感觉到这样的渴望，即自己必须考量多种观点，顺着其中的思路思考，看会得出什么结论。对于他人的观点，他会怀着敬重之心，因为也许其他人所持的视角和他的视角一样值得考虑，也许别人看到了他不曾觉察的某些真相。一个会这样思考的人，一个被这些激情影响的人，就是我们所说的理性之人。

参见"人类心智"（human mind）、"情绪"（emotion）、"非理性情绪"（irrational emotions）词条。

理性自我（rational self）：一种将有效推理和论据作为个人信念和行为基础的本性；人类以理性的方式进行思考和行动的能力（其反面是自我中心主义的思维和行为）。

我们每个人都有一个理性自我和一个非理性自我，即理性的一面和非理性的一面。非理性的一面或自我中心主义的一面可以自然而然地发挥作用，不需要任何培养，理性自我则必须依靠批判性思维进行培养。换言之，我们的理性能力不会自然生成，不是人类心智中自动产生的，而是需要人类主动去培养的。当今社会一般不会培养理性的人，而是会（可能是无意识地）鼓励自我中心主义或社会中心主义思想。

参见"理性的"（rational）、"批判型社会"（critical society）、"自我中心主义"（egocentricity）、"社会中心主义"（sociocentricity）词条。

理性社会（rational society）：参见"批判型社会"（critical society）。

A
B
C
D
E
F
G
H
I
J
K
L
M
N
O
P
Q
R
S
T
U
V
W
X
Y
Z

合理化（rationalization）：将自己的行为、观点等归结于其他原因，这些原因（表面）看似合理、有效，但是实际上并非真正的原因（真正的原因要么是无意识的，要么看起来没那么高尚或讨人喜欢）；使某事变得合理或者变得适于推理；利用推理；以理性的或理性主义的方式思考。

我们要注意，合理化有两种截然不同的用法。第一种等同于以理性的或合理的方式思考。第二种是一种防御机制，人类心智一般用这种机制掩藏某事，不让自己或他人察觉。在第二种用法中，合理化是指给出一个听起来还不错的理由，而非真正的理由。这个意义上的合理化常常出现在某些情境中，即表面上看似追求高尚的道德目标，实则追求自身利益。比如，政客收到特殊利益团体的大额政治献金后，会用选票或暗箱操作的方式支持这些团体，之后他们就会将自己的行为合理化，暗示自己的行为符合高尚的动机，尽管事实可能恰恰相反。又比如，蓄奴者往往坚称奴隶制是合理的，因为奴隶就像孩子，理应受到这般对待。

合理化的第二种含义是指一种防御机制，这种机制使人既能够获得自己想要的，同时又不必面对自己的行为是出于自私的动机这一事实。合理化使人能够将自己真正的动机隐藏在意识层面之下。然后，他们就可以白天做亏心事，夜晚却依然安心入眠。

思辨者能认识到合理化导致或可能导致的对人类思维或行为造成的危害。他们知道，我们所有人都会时不时将自己的行为合理化，因此我们必须努力降低这种做法发生的频率，以削弱其对我们的思维和生活的影响。

参见"防御机制"（defense mechanisms）词条。

原因 / 理性（reason）：某种信念、行为或事件等的基础或理由；用来解释某个信念或行为的陈述或解释；用于形成结论、判断或推论的心智能力；合理的判断；理智；理智的、公正思考的能力。

上述定义中有三种相互关联的含义。第一种是指为某事提供正当理由（比如给出"原因"）。第二种是指心智的一部分，这部分心智用于形成推论或得出结论（至于推论和结论的性质则不重要）。第三种涉及个人的结论、推断或判断的质量。

思辨者力求使用合理的理由。他们相信自己有能力进行推理并独立把事情弄清楚。他们相信若要过一种理性且合理的生活，坚持合理的判断是最好的方式。

参见"信赖理性"（confidence in reason）词条。

理性判断（reasoned judgment）：基于谨慎的思考和反思得出的信念或结论，不同于主观看法，也不同于纯粹的事实。

很多人都了解事实类问题和观点类问题之间的差异，但是很少有人意识到还有另一种重要的问题类型，即需要理性判断的问题。我们通过推理思考相互对立的观点，在此过程中充分理解复杂的证据和富有挑战性的概念，最终得出结论，这就是在进行理性判断。

思辨者知道什么时候需要运用理性判断，并能切实利用这种判断来解决问题。

参见"原因 / 理性"（reason）、"判断类问题"（questions of judgment）词条。

合理的（reasonable）：符合理性或合理判断的；符合逻辑的；由理性思维主导的。

合理性是一个重要的宏观认知标准。一个讲道理的人会不带偏见地考虑各种证据，通常会得出可靠的、可论证的、符合逻辑的结论。

是否符合合理性这条认知标准要具体情况具体分析。某些情况对合理的具体要求与另一些情况可能有很大的差异，比如对"进化"的合理认知有别于"网球训练"的合理方法。

要达到合理性这一标准，必须同时达到其他的认知标准，因为合理性是一个宏观认知标准，而不是微观认知标准。比如，要对一项研究数据进行合理的阐释，就意味着要有站得住脚的假设和概念，要明确提出要讨论的问题，要得出符合逻辑的结论等。

当然，我们也可能使用合理的狭义或广义含义谈论个人及其行为。不理性的人有时也可能会有合理的行为，理性的人有时也可能会有不合理的行为。在最高层面上，理性的人会在日常生活中成为认知品质的化身。

参见"认知标准"（intellectual standards）、"认知品质"（intellectual virtues）词条。

推理（reasoning）：进行说理时的认知过程；根据事实、观察或假设形成结论、判断或推断的过程；在此过程中使用的证据或论点。

所谓的推理是指我们在头脑中为某事赋予意义，从而能够理解它。几乎所有思维都是理解过程的一部分。我们听到有什么东西挠墙，就会想"应该是狗"；我们看到天空有乌云，就会想"好像要下雨了"。

这类活动有些是在潜意识层面发生的（比如，我们身边的景象和声音皆有意义，但是我们没有明确注意到它们）。我们不太会注意到自己所做的大多数推理。只有被人质疑而我们不得不进行辩护时，我们的推理才会显现出来。（"你为什么说杰克讨厌呢？我觉得他人很好啊。"）

要掌控自己的推理过程，我们就要明白所有的推理都是由一些要素组成的，而且我们应该定期检视这些要素的质量。换言之，只要我们进行推理，就是为了达到某个目的，就是从某个角度出发，就是基于某些假设，从而得到某些影响和结果。我们会使用概念、想法和理论去阐释数据、事实或经验（信息），进而去回答问题，解决难题，针对议题做出决定。我们进行推理时，推理的要素（目的、问题、信息、概念、推论、假设、影响、视角）在我们的思维中都是隐性的。思辨者知道这一点，而且通常会努力将这些思维要素提升到意识层面，从而能够检视它们的质量。

参见"推理的要素"（elements of reasoning）词条。

换位思考（reciprocity）：通过共情的方式以他人的角度和思路思考；学习像他人一样思考，进而能够通过共情的方式审视他人的想法。

换位思考需要创造性想象，还需要认知技巧以及对公平公正的坚持。

参见"认知共情"（intellectual empathy）词条。

相关的（relevant）：与考虑的事情或要讨论的问题相关或有直接关联；对社会议题的适用性。

相关性是基本的认知标准之一，强调事物之间的相关程度，这是应用最广的一种含义。人们常常无法做到不离题，无法区分某个问题的相关信息和不相关信息。要培养对这种广义上的相关性的敏感度，需要有意识地练习，练习区分相关数据和无关数据，练习评价和判断相关性，以及支持或反驳某些事实的相关性。

相关性还可以指某事是否适用以及在多大程度上适用于社会议题或生活情境。学生在学习某个学科时常常会质疑某个话题是否与自己的生活有关。他们完全有权利质疑，但是他们常常声称某个话题跟自己无关，其实只是因为他们不想学习这个话题。当学生逐渐掌握认知技巧，变得公正，他们会逐渐认识到很多话题、议题、概念和课程都与理性的和充实的生活息息相关，而且他们会凭借自己的独立思考认识到这一点。

参见"认知标准"（intellectual standards）词条。

压抑（repression）：指抑制个人无法接受的思想、感情或记忆，从而使其无法到达意识层面。

压抑是一种防御机制。当某些记忆让人太痛苦时，这种机制常常就会起作用。当事人不想记住某件让人不舒服的事时（比如预约看牙医），压抑会表现为某种形式的遗忘。压抑可以带来积极作用，比如抑制某些痛苦的记忆，因为处理这些记忆最好的方式就是不再旧事重提。但是，有些压抑可能带来负面作用——比如，人们会借此掩饰自己不道德的行为（比如不负责任地伤害某人）。

对思维和情绪中出现的压抑，思辨者会努力提高警觉，努力了解自己为何会出现压抑情况，积极促使自己尽量降低压抑某些想法的程度，以防过度压抑导致他们做出不当的行为。当然我们应该注意，想法压抑得太深，就会变得极为排斥理性的批判。

参见"防御机制"（defense mechanisms）词条。

-S-

推诿（scapegoating）：指某人为了使自己免受批评，试图将自己的错误或过失推给其他个人、团体或事物。

自我中心主义思维的一个常见形式就是避免直面自己的弱点和错误。推诿是一种常用的防御机制，这种机制使我们能够通过指责他人来掩盖自己思维和行为中的问题。思辨者会努力诚实地面对并处理自己的错误或过失，而不是去指责他人。

参见"防御机制"（defense mechanisms）词条。

自我欺骗（self-deception）：人类在自我的真正动机、个性或身份上欺骗自己的本能倾向。

这种现象对人类来说极为常见，我们甚至可以将人类定义为"自欺的动物"。这种倾向可以为所有的防御机制推波助澜。通过自我欺骗，人类可以有意忽视自己思维或行为中令人讨厌的问题和令人不快的事实。自我欺骗可以强化自以为是和认知自大的倾向，让我们能够在追逐一己之利的同时把自己的动机掩饰成无私的或合理的。通过自我欺骗，人类可以为自己堂而皇之的不道德行为、政策和做法"辩护"。

所有人都会自我欺骗，只是程度多少的问题。通过批判性思维克服自我欺骗是批判意识强烈的思辨者的一个基本目标。

参见"自我中心主义"（egocentricity）、"防御机制"（defense mechanisms）、"个人层面的矛盾"（personal contradiction）、"社会层面的矛盾"（social contradiction）、"理性自我"（rational self）、"认知品质"（intellectual virtues）词条。

A
B
C
D
E
F
G
H
I
J
K
L
M
N
O
P
Q
R
S
T
U
V
W
X
Y
Z

私利（selfish interest）： 不考虑他人的权利和需要，只考虑对自己有利的事。

自私就是只顾追逐一己私利，没有适当考虑他人的利益。关心自己的福祉是一回事，追求自己欲望的同时践踏他人的权利又是另一回事。身为天生以自我为中心的动物，人类天生就有追逐一己私利的倾向。我们常常使用合理化等自我欺骗的方式掩盖自己的真实动机以及我们所作所为的真正目的。要想成为公正的思辨者，我们可以合理关注个人幸福和长期利益，但是同时必须积极削弱自私的本性。

参见"自我中心主义"（egocentricity）、"自我欺骗"（self-deception）、"合理化"（rationalization）、"既得利益"（vested interest）、"公正"（fair-mindedness）词条。

社会层面的矛盾（social contradiction）： 指一个社会"宣扬"的东西或者自称信仰的东西与其实际的所作所为之间的不一致。

所有社会表现出的形象与其真面目之间会有一定程度的不一致。比如，一个团体声称在全世界传播和平，但是同时却蓄意发起不正义的战争，这就是一种社会层面的矛盾。社会层面的矛盾一般都涉及社会中心主义思维，同时与群体层面的自我欺骗相关。

参见"社会中心主义"（sociocentricity）、"民族偏见"（national bias）词条。

社会化（socialization）： 一种学习遵守自己所处社会的价值观、规则、传统、礼仪、习俗、禁忌和意识形态的持续性的过程；具有与自己的"社会地位"相适应的社会技巧。

大多数时候，人类都生活在群体之中，因此他们就必须学会如何在这些群体中理性相处，和睦共处，尊重与他们有关联的、有互动关系的人的权利和需求。但是，这个社会化的过程常常超出了合理相处这一合乎情理的构想，导致个人权利受到压迫和侵犯。人类会创造出复杂的概念和意识形态，并借此看待世界，因此这些概念也成为"社会化过程"

必不可少的一部分。任何一种文化中的儿童在幼年时都会开始用这些概念思考，不过不是把这些概念视为一种可能的思考方式，而是视为唯一正确的思考方式（比如吃饭时手肘不能放在桌上，餐巾要搭在腿上，禁止裸体等）。

因此，任何文化的意识形态，其中一部分内容都是制定规则，创造习俗以及禁止某些行为。相应地，生活在每种文化中的人都被要求不加批判地接受这些多为随意制定的规则、习俗和禁忌。比如，生活在美国的儿童每天都需要立正并对美利坚合众国的国旗宣誓效忠。这样做时，他们并不能真正理解自己宣誓的内容，不能理解如果认真对待自己的誓言意味着什么，不能理解批判地分析这个誓言意味着什么，不能理解如何娴熟地支持或反驳这个誓言。思想灌输往往形式多样，与社会化相伴而生，这只是其中一个例子。

社会化过程的一个重要部分是社会分层。大致来说，现代社会的人群是按照政治或经济的"尊卑秩序"分层的。顶层的人拥有大多数权力和优势，中层的人拥有少量或中等程度的权力和较大的优势，底层的人几乎没有什么权力和优势。在每种文化中，社会化过程都有一个重要部分，即根据该文化的社会分层体系将每个"社会阶层"应有的"正确行为"传递给该阶层的人。

我们应该批判地分析自己所处文化的社会规则、习俗、禁忌和权力结构，以避免在认知上被其束缚。

参见"社会中心主义"（sociocentricity）、"灌输"（indoctrination）词条。

社会中心主义（sociocentricity）：一种认为自己所属的群体或文化具有天生的优越性的信念；一种根据自己所属群体的视角判断陌生的人、群体或文化的倾向。

作为社会性动物，人类聚群而居。诚然，人类这一物种得以存活，漫长的养育过程必不可少，人类能存活下来首先是因为整个群体一起照顾孩子。相应地，孩子很小就学会以群体的逻辑思考。只有这样，他们才能被群体"接纳"。作为社会化的一部分，他们（基本不加批判地）接受群体的意识形态。

社会中心主义的基础是默认自己的社会群体天生地、显而易见地优于所有其他群体。若一个群体或社会自认为优越，进而认为自己的观点是正确的、唯一合理的或正当的，或者认为自己所有的行为都是正当的，那这个群体或社会就很可能把思维封闭起来。异议和怀疑被视为不忠，因此会被否决。很少有人能认识到自己的大多数思维都是社会中心主义思维。

社会中心主义思维与"民族中心主义"（ethnocentricity）相关联，虽然民族中心主义往往在狭义上用来指一个民族群体的社会中心主义思维。

参见"社会化"（socialization）、"自我中心主义"（egocentricity）、"民族偏见"（national bias）、"文化联想"（cultural associations）词条。

苏格拉底式思辨者（Socratic critical thinkers）：这种思辨者使用思辨技巧来发展和培养公正的推理和思想；这种思辨者在与他人相处时会避免使用欺骗和操控。

苏格拉底式思辨者可以有两层含义：1）指某人善于提出切题的问题，习惯于将提问用作一种基本的学习和交流工具；2）指某人致力于使用推理技巧保证自己的生活是经过审视的、符合伦理的。

苏格拉底式思辨者与诡辩式思辨者相对，前者用公正的方式使用思辨工具，后者则以自私的方式（或者为了操控他人）使用思辨工具。

参见"批判意识强烈的思辨者"（strong-sense critical thinkers）、"苏格拉底式诘问"（Socratic questioning）、"诡辩式思辨者"（sophistic critical thinkers）、"批判意识薄弱的思辨者"（weak-sense critical thinkers）词条。

苏格拉底式诘问（Socratic questioning）：这种提问模式基于苏格拉底的方法，这种方法深入地探究一个言论、立场或推理思路的意义、合理性或逻辑强度。

　　苏格拉底（约公元前 470 年—399 年）是古希腊哲学家和教育家。他认为最佳的教学方式就是严谨、缜密的诘问。换言之，他认为，要获得最好的学习效果，不应直接告诉人们应该信什么、做什么，而是应该引导人们主动地问应该信什么、做什么。他常常使用诘问法，帮助人们认识到其实他们并不相信自己声称相信的事（因为他们的"信念"与其行为不符），或者让他们认识到他们声称自己相信的事其实是不合理的或不合逻辑的。

　　对他人进行提问时，苏格拉底常常同时扮演老师和学生的角色，示范如何进行严谨的探究。他认为，人要想过上理性的生活，就需要进行这种探究。请看以下例子：

　　　　有个人自认为了解公正、勇气等概念的真义，苏格拉底遂与其讨论，从而进行哲学思辨。在苏格拉底的诘问下，他们最终发现其实他们对这些概念一无所知。于是他们再次携手努力，苏格拉底以问题的形式提出若干假说，这些假说或被对方接受，或遭到对方反对。问题虽未解决，但双方都意识到了自己的无知，都同意尽可能继续探讨。通过这些讨论，或"逻辑辩证"，苏格拉底进行了问答式的研究……这些讨论是苏格拉底留给后人的真正精华（《哲学百科》）。

　　苏格拉底努力培养学生的一系列能力，包括进行系统提问、从新的视角思考问题、揭示偏见和曲解的能力。最重要的是，他希望学生能够激发出审视思想、探求真理的热情。他为学生做示范，并帮助学生培养对理性的信心，将追求知识视为人类思维的首要功能。他认为，无论任何观点，只要经受不住良好推理和判断的检验，就必须抛弃。

　　经过多年的实践和练习之后，诘问深深扎根在苏格拉底的品性中。虽然他尝试发展出一套诘问体系，但是这一体系并没有完全为大众所知。

　　不过，批判性思维这套强大的理论为我们进行系统提问提供了明确而具体的工具。批判性思维最基本的概念并不神秘，这些概念可以而且也应该用于形成问题、提出问题，应该在所有学生的思维中培养。因此，批判性思维可以视为苏格拉底式诘问的关键，原因在于，批判性思维有助于对苏格拉底式诘问感兴趣并愿意学习和练习的人明确地理解和把握诘问所需的认知步骤。

参见"批判性思维"（critical thinking）、"对话式教学"（dialogical instruction）、"知识"（knowledge）词条。

诡辩式思辨者（sophistic critical thinkers）： 这种娴熟的思辨者使用批判性思维工具来操控他人，通常是为了满足自己或自己所属群体的私利。

"诡辩的"一般指使用精巧的、狡猾的、看似可信实则错误的推理方法，以赢得一次辩论或者说服某人相信某事为真（实际上此事只是部分为真或者完全为假）。比如，这类人可能使用经不起推敲的论证来说服他人（即在推理中表现得不诚实）。"诡辩者"一词可追溯到古希腊语的"sophos"或"sophia"，最初的意思分别是"智慧的"或"智慧"。该词的用法随着时间推移逐渐演变。在公元前五世纪后半叶，特别是在雅典，"诡辩者"逐渐被用来指代一群周游各邦的知识分子。他们教授关于美德或德行的课程，这些课程通常着眼于如何说服他人接受某个观点。这群人声称，他们可以找到所有问题的答案。随着时间的推移，"诡辩"逐渐被用来指代一种旨在使"弱的论证变强"的论证方式（若要更深入地理解该话题，可阅读柏拉图和亚里士多德有关诡辩术的著作）。

参见"批判意识薄弱的思辨者"（weak-sense critical thinkers）、"批判意识强烈的思辨者"（strong-sense critical thinkers）、"苏格拉底式思辨者"（Socratic critical thinkers）词条。

具体说明／具体的（specify/specific）： 明确地或详细地陈述、描述或定义；精确的；明确的。

人类所思、所说和所写的很多东西都是模糊的、抽象的、模棱两可的，而不是具体的、确切的、清晰的。要想学会如何清晰地、精确地、准确地思考，学会如何具体地阐述自己的观点至关重要。

参见"认知标准"（intellectual standards）、"阐明"（clarify）、"精确性"（precision）词条。

批判性思维的发展阶段（stages of critical thinking development）：批判性思维的发展理论重点关注批判性思维的技巧、能力和品性的发展阶段；该理论认为，思考者具有成长为公正的思辨者的内在动力；最初由琳达·埃尔德提出，后来由其与理查德·保罗共同发展而成。

人们通常都是通过分阶段的方式逐渐掌握复杂技巧的，首先从低阶的技巧开始，逐步进阶，日臻成熟，直至完满。批判性思维相关技巧的发展一般包括如下步骤：

第一阶段：疏忽的思考者（这类思考者意识不到自己思维中存在的问题）

第二阶段：被挑战的思考者（这类思考者被迫面对自己思维中的重要问题）

第三阶段：初级的思考者（这类思考者努力改进自己的思考，但是缺乏经常性的实践）

第四阶段：实践中的思考者（这类思考者经常进行实践，也相应开始取得进步）

第五阶段：进阶的思考者（这类思考者开始致力于终生实践，并将认知品质提升到很高的水平）

第六阶段：完满的思考者（认知品质已变成这种思考者的第二本性，思考者通常在生活的所有领域都会表现出各种认知品质；过去称为"大师级思考者"）

这一理论是以如下假设为基础的：1）每个人在成长为公正思辨者的过程中都会经历一系列可预测的过程；2）能否从一个阶段过渡到下一阶段取决于一个人为把自己培养成思辨者所付出的努力，这一过程不是自动发生的，也不可能在潜意识层面发生；3）随着完成的阶段越来越多，个人会对批判性思维树立起越发坚定的信心；4）在成长过程中可能发生退步的情况（实际上也很常见）。

A
B
C
D
E
F
G
H
I
J
K
L
M
N
O
P
Q
R
S
T
U
V
W
X
Y
Z

一个人（无论是父母、公民、消费者、爱人、朋友、学生还是专业人士）只要在生活的所有或大多数领域表现出批判性思维的能力和品性，这个人就是名副其实的思辨者。虽然我们知道批判性思维有很多种形式和表现，但是这些阶段重点关注的是批判意识强烈的思辨者的成长过程。在划分思辨者的成长阶段时，我们将那些只在生活的某个层面进行思辨的人排除在外。之所以这样做，是因为一个人的生命质量取决于其在生活中所有层面的高质量推理和思考，而不仅仅局限于对某一层面的推理和思考。

很多人没有成长为思辨者，其中的主要原因包括：1）他们未能认识到思维若放任不管，就可能出现很多缺陷（因此他们从未尝试系统地干预自己的思维）；2）他们受到天生的自我中心主义思维（以及自我欺骗倾向）的影响；3）他们一直被天生的社会中心主义思维所控制。

参见 "认知品质"（intellectual virtues）、"批判意识强烈的思辨者"（strong-sense critical thinkers）、"自我中心主义"（egocentricity）、"社会中心主义"（sociocentricity）词条。

刻板印象（stereotyping）：指某人基于一些共同特征而把所有人一概而论，对整体以及群体中的个体形成一种死板的、偏颇的认知。

文化偏见是刻板印象的一种主要形式，即人们认为自己所处文化的做法和信仰优于其他所有文化的做法和信仰，而这样做仅仅是因为这些做法和信仰是自己所处文化的一部分。他们把自己所属群体的标准作为衡量所有群体和人群的标准。

参见 "防御机制"（defense mechanisms）、"社会中心主义"（sociocentricity）词条。

批判意识强烈的思辨者（strong-sense critical thinkers）：公正的思辨者；主要具有以下特征的娴熟的思考者：1）有深刻地质疑自己观点的能力和倾向；2）有依靠共情和想象力尽可能地重建与自己视角相反的视角的能力和倾向；3）有进行辩证（多维度）推理，从而能够确定己方观点何时最弱，而对方观点何时最强的能力和倾向；4）有在面对足够的证据时改变自己的思维，不会顾及一己私利和既得利益的能力和倾向。

批判意识强烈的思辨者致力于用最娴熟的技巧进行推理，会考虑所有能掌握的重要证据，会尊重所有的相关视角。他们的思维和行为主要体现在认知品质或思维习惯上。他们不会因为自己的观点而变得盲目，能认识到自己观点背后的假设和观点。他们认识到，自己需要经受住针对自己的假设和观点最强烈的反对声。最重要的是，他们会被理性打动。换言之，若发现其他观点确实合理或可行，他们愿意放弃自己原来的观点。

对批判意识强烈的思辨者而言，教学意味着经常鼓励学生阐述、理解并批判自己最深层的偏见、成见和误解，从而能够发掘并质疑自己的自我中心主义和社会中心主义倾向（只有这样做，我们才有望成长为公正的人）。

要成长为批判意识强烈的思辨者，我们需要经常对重要的个人事务进行辩证思考。如果只将批判性思维视为孤立的技巧来教授，而忽视练习如何以共情的方式进入他人的观点（尽管学生可能害怕或抗拒这些观点），那么学生最终只会学到更多办法来将自己的成见和偏见合理化，或者说服别人自己的观点才是唯一正确的。这样做，他们只会从粗俗或幼稚的思考者发展成为诡辩式思辨者（而不是批判意识强烈的思辨者）。

参见"公平公正"（fair-mindedness）、"认知品质"（intellectual virtues）、"批判意识薄弱的思辨者"（weak-sense critical thinkers）词条。

潜意识思维（subconscious thought）：在意识层面外的心智中的思维或信念，但是思考者可以发现自己存在这些思维或信念。

对于自己的大多数信念，我们不可能时刻意识到它们。只有在这些信念与我们所要思考的某个议题或问题有关时，它们才能进入具体的意识层面。只要将注意力指向潜意识的思维，就可以唤醒这些思维。它们与无意识思维不同，出于某些原因，思考者会主动避免唤醒无意识思维。

A B C D E F G H I J K L M N O P Q R S T U V W X Y Z

参见"无意识思维"（unconscious thought）词条。

系统的或综合的批判性思维（systematic or integrated critical thinking）：一种全面整合的、系统应用批判性思维的方式；拥有批判性思维系统的特征，或者是批判性思维系统的组成部分；极有条理地实施的批判性思维；有固定目的和／或方法的批判性思维。

以系统的、综合的方式应用批判性思维，是指我们经常性地、始终如一地将自己对批判性思维的了解应用于思考中，同时在应用批判性思维时确保应用到位，并努力综合思想领域内外的观点。

系统的批判性思维与偶发的批判性思维相对，后者是指批判性思维只是阶段性地或零星地进行。

参见"偶发的或零星的批判性思维"（episodic or atomistic critical thinking）、"批判性思维的形式和表现"（critical thinking forms and manifestations）词条。

-T-

教学（teach）：传授知识或技巧；指促进学习的任何过程，比如传递信息，在学习上提供帮助或支持，或者指自学；教学可能是有方法的、系统的，也可能是无组织的、零散的。

当前，教学并不一定意味着"优质教学"或"培养学生的认知技能，让他们能适应这个社会"。事实上，教学往往意味着将社会的观点不经意地灌输到学生的头脑中，并要求学生不加批判地接受这些观点。

教学最重要的目标应该是培养理性，让学生能够习得相应的技巧、能力和品质，从而能在这个复杂的世界中成功且有道德地履行自身职能。

参见"高阶学习"（higher order learning）、"知识"（knowledge）、"理解力"（intellect）、"教育"（education）、"灌输"（indoctrination）、"社会化"（socialization）、"训练"（training）词条。

理论（theory）：一组条理清楚的概括性的观点，被视为解释某类现象的原则，这些观点往往经过了反复检验或者已被广泛接受，而且可以用于预测某事；提出的一种阐释方案，仍处于推测阶段，而不是被视为阐述既定事实的权威观点；规则或原则的综合体系。

我们需要注意，理论至少有两种不同但重要的用法。第一种是指概括性的观点，已经过检验而且 / 或者得到一致认可。第二种是指仍处于推测或假设阶段的观点。

人类天生就会形成理论（自己往往意识不到），这些理论可以帮助我们理解生活中的人物、事件或问题。我们通常应该要把这些理论视为假设性的，让理论经受实践的检验，并充分考虑他人的理论，这点很重要。此外，我们还应分清理论和事实的区别。

参见"概念"（concept）、"原则"（principle）词条。

思考（think）：使用认知能力形成观点，得出结论；拥有有意识的思维，拥有一定的进行推理、记住过往经历、做出决定等的能力；以理性且客观的方式使用自己的思维来评估或应对某个情境。

这个词有很多种不同的用法，其最常见的用法等同于"推理"这个概念。比如，"批判性思维"是指在较高的技巧层面进行推理的能力。因此，"批判性思维"等同于"批判性推理"。思维的其他形式还可能包括联想性思维、形而上思维、负面思维和冥想式思维。

相关概念："理性"（reason）是指用于形成（通常是合理的）结论、判断或推断的心智力量；"反思"（reflect）是指反观自己对某事的想法，暗指深刻的、平和的持续思考；"推测"（speculate）是指在证据不足或有待确认的情况下进行推理，因此强调形成的观点仍处于猜想阶段；"仔细思考"（deliberate）是指对某事进行谨慎而周到的考量，从而得出结论。

每个人都会思考，但是很少有人能够进行全面的、综合的、公正的批判性思考。思考是自发的，而批判性思考则需要培养。

参见"推理的要素"（elements of reasoning）、"认知标准"（intellectual

A

B

standards）词条。

C

训练（training）：通过专门的教学和练习使人变得精通某事；指导或使
人适应某种行为或表现模式；有纪律地进行活动或练习，目的是能熟练
掌握某种行为。

D

E

F

经过训练学生可以掌握任何一种行为方式，有的训练的确非常有
用，比如训练人熟练使用电脑。但人们常常混淆"训练"和"教育"这
两个概念，正如他们常常混淆"灌输"和"社会化"一样。学生可能被
训练做违背教育精神的事。比如，学生经过"训练"可能相信教育就是
指老师让做什么就做什么，永远不要质疑老师的观点。学生也可能经过
"训练"后认为教材一定就是权威。这些常见的行为都与对教育应有的合
理认知相悖。

G

H

I

J

K

我们必须清楚自己何时在"训练"学生，以及为何要这么做，这样
才能确保我们训练学生的理由是充分且正当的。

L

参见"教育"（education）、"灌输"（indoctrination）、"社会化"（socializ-
ation）词条。

M

N

O

P

真实/真理/真相（truth）：与知识相一致，符合事实、现实；一种陈
述，被证明或被认为是真的，而非错的或假的；事物的真面目，而不仅
仅存于表象；思维、语言或行为所关注的真实情形。

Q

R

人类生活中的很多事物都可能被证明为假或为真。因此，在需要真
理的时候，我们需要有寻找和发现真理的能力，这种能力是批判性思维
要达到的根本目标之一。

S

T

人类心智天生就有自我中心主义的倾向，因此大多数人会不加批判
地认为自己的观点是正确的、真实的。他们还会默认自己掌握着真理。
我们若想避免这种不正常的思维习惯，就必须培养批判性思维。

U

V

W

参见"认知标准"（intellectual standards）、"准确的"（accurate）词条。

X

Y

Z

-U-

缺乏批判力的人（uncritical person）：几乎或完全没有与批判性思维相关的技巧、能力或品质的人。

人们沦为缺乏批判力的思考者，原因有二：1）缺少成长为思辨者的"智力原材料"；2）有能力成长为思辨者，却由于种种原因未能将这些能力培养至足够高的程度。显然，大多数人都是有成长潜力的，只是他们没能发挥自己作为思辨者的潜力。缺乏批判力的人往往会天真幼稚，随波逐流，易被操控，思想混乱，言行不一，含混不清，而且言语随意。他们不会区分证据和推论，也可能会极其武断，明显带有偏见，在思想上又极度自大。此外，他们的思想往往很狭隘。

缺乏批判性思维是人类生活中的一个根本问题。尽管人们缺乏批判力，但却误以为自己拥有批判能力。所以，成为思辨者的第一步就是认识到这个问题，认识到我们所有人在某些时候都是缺乏批判力的。

参见"幼稚的思考者"（naïve thinkers）、"有批判力的人"（critical person）、"思辨者"（critical thinker）、"批判性思维"（critical thinking）、"批判型社会"（critical society）词条。

无意识思维（unconscious thought）：在无意识的情况下进行的思考；在意识层面之下的想法、感受、假设等，它们虽然发生在意识层面之下，但对行为（以及有意识的思考）有显著的影响；处于非感知层面，很难进入意识范畴的思维；我们意识不到的，以及我们不愿意主动察觉的思维。

在本书中，这一术语有两种截然不同的用法。第一种用法相当于"潜意识思维"一词。对于我们头脑中的这些思维，我们无法随时明确地意识到，但是也不需要逃避。

第二种用法指的是被压抑的想法。对于头脑中的这些想法，我们意识不到它们对我们的思维及行为的影响，而且出于某些原因，我们选择逃避这些思维。它们可能是痛苦的或不愉快的经历，也可能是不正常的思维模式——比如合理化或其他形式的自我欺骗。

　　人类的很多思维都是无意识的。很多时候，指引人的往往是他们头脑中的想法、假设和视角，但是他们几乎或完全意识不到它们。所有的自我中心主义和社会中心主义思维都有其无意识的一面，因为这些思维都不能堂而皇之地呈现在大众面前。换言之，若承认自己的头脑中有这种思维，我们就会被迫应对这些思维，比如必须放弃一些自己珍视的东西。任何我们所持有的、无法公开承认的想法，都有其无意识的一面。

　　只要想法在头脑中是无意识的，我们就很少有机会分析和评估这些想法，也很少有机会探究这些想法对我们的思维和行为的影响。思辨者清楚地知道这一点，因此他们会经常把自己的无意识思维带至意识层面，从而检验它们的质量。

　　参见"防御机制"（defense mechanisms）、"自我中心主义"（egocentricity）、"自我欺骗"（self-deception）、"社会中心主义"（sociocentricity）、"潜意识思维"（subconscious thought）词条。

-V-

模糊的（vague）：没有清晰地、准确地、确切地表达或陈述的；指思想、感情或表达不明确、不确定或不准确的；含糊的；无法清晰思考或表达自己的。

　　一个可悲的事实是，模糊的思想和表达在生活中很普遍，是阻碍批判性思维发展的主要障碍。如果不能认清自己的信念，我们就无法检验它们；如果不能弄清楚他人表述的意思，我们就无法表达异议。学生需要多练习如何将模糊的想法转化为清晰的想法。

　　自我中心主义思维的表现之一就是掩盖自己的想法，对其视而不见，或者将其留在无意识层面，使其处于模糊不清的状态。思辨者则努力保持思想的清晰，始终努力将模糊或不明确的想法带至有意识的、明确的层面。

参见"有歧义的"（ambiguous）、"阐明"（clarify）、"概念"（concept）、"无意识思维"（unconscious thought）词条。

既得利益（vested interest）：追求个人利益，常常以牺牲他人的利益为代价；集体追求的共同目标，施加影响力以使群体获益，常常以牺牲其他群体的利益为代价。

社会中心主义思维必然关联着群体既得利益这一问题。每个群体都会受到这种人类本性的影响——寻求更大的个人利益，以牺牲他人利益为代价。比如，很多群体游说国会制定对自己有利的法律条款，从而获取更多的金钱、权力和利益。既得利益一般和公共利益相对。为公共利益而游说国会的群体不是为相对少数的人谋求利益，而是为大多数人谋求保护。保护空气质量是公共利益，用劣质材料制造廉价汽车是既得利益（为汽车制造商牟利）。

追求既得利益的群体一般用特殊利益来替代既得利益，因为他们不希望自己的真正意图为众人所知。这些群体提出这样一种观点，即所有群体都在追求和扩大自己的特殊利益。他们希望用这种方式为自己自私的议题正名，让其显得和那些谋求公共利益的议题一样正当。

参见"私利"（selfish interest）、"社会中心主义"（sociocentricity）词条。

-W-

批判意识薄弱的思辨者（weak-sense critical thinkers）：这类思辨者利用批判性思维的技巧、能力甚至一定程度的思辨品质来谋取一己私利；不公平或不道德的思辨者。

批判意识薄弱的或不道德的思辨者具有如下突出倾向：

1) 他们用一套认知标准要求对手，用另一套标准要求自己以及他们所认同的人。

2）他们无法以共情的方式从自己不赞同的角度或参考框架进行推理。

3）他们的思维往往是单一逻辑的（只从一个狭隘的视角思考）。

4）他们不会诚心接受公正的批判性思维的价值观，即便可能口头上会支持。

5）他们对认知技巧的使用是有选择的、自欺欺人的，目的是谋求并满足一己私利，却以牺牲真实性为代价。

6）他们利用批判性思维技巧来找出他人推理中的瑕疵，利用缜密的论点反驳他人的论点，却不会认真思考他人的论点。

7）他们习惯于利用非常复杂的合理化手段来证明自己的非理性思维。

8）他们特别善于操控他人。

与之相反的是"批判意识强烈的思辨者"（strong-sense critical thinkers）。同时参见"自我中心主义"（egocentricity）、"非理性的"（irrational）、"合理化"（rationalization）、"诡辩式思辨者"（sophistic critical thinkers）词条。

一厢情愿的想法（wishful thinking）：指人以错误的、无意识的方式解读现实，目的是维持自己的某个信念。

一厢情愿的想法会导致虚假的期望，通常会过于乐观而不够理性地判断形势。比如，男人只是表示友好，女人却将他的行为解读为向自己示爱，这就是一厢情愿的想法。老师认为自己的授课深刻地激发了学生的才智，但是考试内容却只是大量的背诵，这也是一厢情愿的想法。

思辨者会避免陷入一厢情愿的想法，他们会寻求真相，无论真相给人带来多大的痛苦。

参见"防御机制"（defense mechanisms）词条。

世界观（world view）：看待世界、理解世界的一种方式，其基础主要是我们的假设和认知倾向。

我们每个人都有自己的信念体系或者世界观，我们以此理解事件、情境、经历、人、自然等。这个世界观会随着时间的推移有一定程度的改变，在某些情况下，也会随着年龄的增长而逐渐丰富。进入新环境时，世界观是思维的起点。换言之，我们会随着时间的推移逐渐完善自己的世界观，吸收周围人的观点，决定接受哪些观点，拒绝哪些观点；我们会将自己的世界观带入各种新环境和新情境。

因此，我们拥有一个信念体系，一幅由观点、假设等构成的思维地图，我们以此体验世间万物。同时，我们大多数人也都被自己的世界观所困。于是，我们会把自己的思维方式视为正确的思维方式，而非一种可能的思维方式。

我们大多数人的世界观都是社会中心主义的。受群体的影响，我们会不加批判地接受群体的观点和想法，这成为我们世界观的基础。比如，我们很多人都囿于自己的民族主义、爱国主义和沙文主义等倾向。我们认为自己的国家是最好的、最光明的；我们认为自己的价值观和理想比其他国家的都好。这种民族主义的视角是我们世界观的重要组成部分，我们很少分析它或评判它。我们囿于自己的社会中心主义倾向，从来没想过成为世界公民，即像关心自己的权利和需求一样关心其他国家人们的权利和需求。

除了整体的世界观，我们所有人还有很多从属的世界观。有的是基于性别的，有的是基于经济的，有的是基于文化的。当然，这些从属的世界观自身有很多矛盾，相互之间也有很多矛盾，只是我们对此不甚了解。批判性思维对我们提出了一项挑战，即面对这些矛盾，解决这些矛盾，直到我们的信仰体系在认知上变得完整，在伦理上变得正直。

当今大多数的学校教育很少帮助学生学习如何看待这个世界，很少帮助他们了解世界观如何影响他们的人生经历，以及他们对事、对人的理解和结论。结果就是，大多数学生甚至并不知道自己拥有了世界观，也不知道自己的世界观可以被塑造。学习批判意识强烈的批判性思维时，我们的首要目标是发现自己的世界观，并以开放的心态从他人的世界观出发进行思考。

参见"文化假设"（cultural assumption）、"角度"（point of view）、"视角"（perspective）、"社会中心主义"（sociocentricity）词条。

参考文献

Newman, J. (1996), *The Idea of a University*. London: Yale University Press.

Peters, R. S. (1973). *Reason and Compassion*. London: Routledge & Kegan Paul.

Sumner, W. (1940). *Folkways: A Study of the Sociological Importance of Usages, Manners, Customs, Mores, and Morals*. New York: Ginn & Co.

The following references were used in formulating many of the brief definitions in this glossary:

Online Etymology Dictionary. Retrieved January 20, 2009, from Dictionary.com

Random House Unabridged Dictionary, Random House, Inc. 2006, Retrieved January 20, 2009, from Dictionary.com

The American Heritage Dictionary of the English Language, Fourth Edition. Retrieved January 19, 2008, from Dictionary.com

Webster's New World College Dictionary, Fourth Edition, Wiley Publishing, 2007.

Webster's Revised Unabridged Dictionary. Retrieved January 20, 2009, from Dictionary.com

WordNet 3.0. Retrieved January 20, 2009, from Dictionary.com